室内设计制图

主　编　陈　年
副主编　刘　莉　熊凌飞　杨　彧
参　编　李鹏宇　朱有善　郭丽敏　顾建厦
主　审　曾传柯

北京理工大学出版社
BEIJING INSTITUTE OF TECHNOLOGY PRESS

版权专有 侵权必究

图书在版编目（CIP）数据

室内设计制图 / 陈年主编 . -- 北京：北京理工大学出版社，2019.10

ISBN 978-7-5682-7821-8

Ⅰ.①室… Ⅱ.①陈… Ⅲ.①室内装饰设计 – 建筑制图 – 教材 Ⅳ.①TU238.2

中国版本图书馆 CIP 数据核字（2019）第 253609 号

责任编辑：张荣君　　**文案编辑**：张荣君
责任校对：周瑞红　　**责任印制**：边心超

出版发行 /	北京理工大学出版社有限责任公司
社　　址 /	北京市丰台区四合庄路 6 号
邮　　编 /	100070
电　　话 /	（010）68914026（教材售后服务热线）
	（010）68944437（课件资源服务热线）
网　　址 /	http://www.bitpress.com.cn
版 印 次 /	2019 年 10 月第 1 版第 1 次印刷
印　　刷 /	定州市新华印刷有限公司
开　　本 /	889 mm × 1194 mm　1/16
印　　张 /	10
字　　数 /	300 千字
定　　价 /	42.00 元

图书出现印装质量问题，请拨打售后服务热线，负责调换

前言

室内设计制图属于工程制图的范畴，是设计师通过图样来表达自己设计理念的方法和手段，是专业设计人员和计算机辅助设计爱好者的设计表达基础。本书内容从制图的基础、制图的方法到制图的应用，包括家具设计、室内设计、建筑设计等诸多领域，为学生今后进一步深入学习家具设计、室内设计等相关专业课程知识奠定基础。

随着时代的不断向前发展，计算机辅助设计的应用大大提高了出图速度，也提高了设计行业的工作效率。但是，不管制图技术如何发展，它都是必须以制图的基本理论为基础的。室内设计制图课程属于设计基础的手工制图范畴，正是以专用制图工具进行工整作图的课程。本课程的教学除了让学生学会制图的基本知识、制图国家标准、图形表达形式，也需要培养学生阅读和绘制工程图的能力，培养学生空间想象和空间分析的能力，培养学生严谨、认真、精益求精、一丝不苟的工作作风。

制图是设计界的语言，如果一名设计师没有很好地掌握"设计语言"，他的设计思想、设计创作的发挥与发展就会受到影响，他将无法完整正确地表达设计方案。作为室内设计及相关设计专业的入门课程，本书从专业实际出发、结合设计行业发展对设计人才需求的特点，与行业、企业深度联系，在教材中引用贴近生产一线的企业案例，并配有大量的工程实例图片，力求做到直观、浅显。同时书中还设有课堂同步练习，学生可根据需要选择使用。

本书在实际教学使用上，符合学生对知识的认知规律，在内容编写上摒弃传统教材"章、节"的架构体例，遵循"任务驱动"新理念，按模块形式编写，模块下面是具体学习任务，方便教师的"教"与学生的"学"。本书分为四个模块：平面图作图、轴测图作图、透视图作图、综合应用作图。四个模块的安排既符合制图学习的实际，又坚持工学结合、契合职业院校设计专业人才培养规格。完成室内设计制图的教学建议安排96学时，使用时可按自身情况适量增减学时，在进行理论教学时还需按照各专业特点另外安排学生到生产型或施工企业进行认识实习。

本书适用面较广，主要作为职业院校室内设计技术、家具设计与制造、环境艺术技术等专业的教材，还可以作为设计企业培训教材，也可以供热衷于室内设计、家具设计的读者作学习参考。

本书参考与选编了大量的资料与图片，书中已经注明，少量作品因资料不全未能详细注明，特此致歉，待修订时再补正。另外由于编者水平有限，书中错误和不足之处恳请有关专家和读者批评指正。

编　者

目录

模块 1　平面图作图

学习任务 1.1　制图国家标准、制图工具及其使用 ········ 2

- 1.1.1　制图国家标准 ········ 2
- 1.1.2　制图工具及其使用 ········ 12

学习任务 1.2　几何制图法 ········ 16

- 1.2.1　基本几何作图 ········ 16
- 1.2.2　圆及圆弧的画法 ········ 19

学习任务 1.3　投影图画法 ········ 22

- 1.3.1　三视图的形成 ········ 23
- 1.3.2　三视图画法（含尺寸标注） ········ 37

模块 2　轴测图作图

学习任务 2.1　轴测图的基本知识 ········ 54

- 2.1.1　轴测图的形成 ········ 54

学习任务 2.2　轴测图常用画法及选择 ········ 57

- 2.2.1　正等轴测图画法 ········ 57
- 2.2.2　斜二轴测图画法 ········ 62

模块 3　透视图作图

学习任务 3.1　透视图的基本知识 ·· 72

3.1.1　透视概述 ·· 72

学习任务 3.2　透视图常用画法及作图步骤 ·· 78

3.2.1　视线法画透视图 ·· 78
3.2.2　量点法画透视图 ·· 81
3.2.3　画室内透视图 ··· 84

模块 4　综合应用作图

学习任务 4.1　家具设计图绘制 ·· 92

4.1.1　家具设计图种类 ·· 92
4.1.2　家具剖视与剖面 ·· 95
4.1.3　家具设计图案例 ·· 99

学习任务 4.2　建筑设计图绘制 ·· 104

4.2.1　建筑设计图种类 ·· 104
4.2.2　建筑设计图案例 ·· 106

学习任务 4.3　室内设计图绘制 ·· 132

4.3.1　室内设计图种类 ·· 132
4.3.2　室内设计图案例 ·· 138

参考文献 ··· 153

模块 1
平面图作图

学习任务 1.1　制图国家标准、制图工具及其使用

学习目标

掌握制图国家标准中的图幅大小及绘制图表、图线、撰写文字的基本方法，了解制图工具的种类，熟悉制图工具的使用方法。

应知理论

制图国家标准的有关知识，制图工具种类及制图过程中的选用。

应会技能

掌握工程图样中的比例及尺寸标注方法，掌握制图工具的正确使用方法。

1.1.1　制图国家标准

1.1.1.1　图纸的幅面规格

图纸幅面也就是图纸的大小。图纸幅面有 A0、A1、A2、A3、A4 五种规格，各号图纸幅面尺寸和图框形式、图框尺寸都有明确规定，具体规定见表 1-1，如图 1-1 所示。

表 1-1　图纸幅面与图框尺寸

单位：mm

尺寸代号	图幅代号				
	A0	A1	A2	A3	A4
$b \times l$	841×1 189	594×841	420×594	297×420	210×297
c	10			5	
a	25				

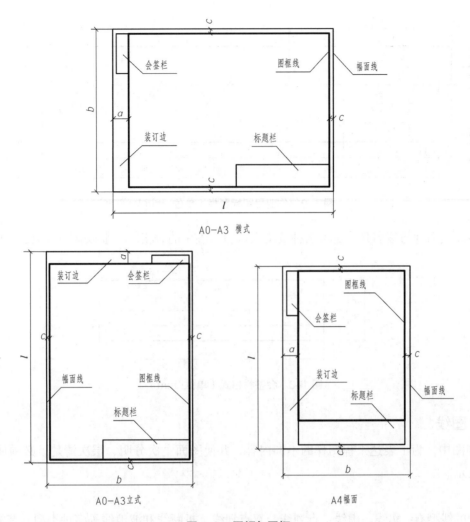

图 1-1 图幅与图框

长边作为水平边使用的图幅称为横式图幅,短边作为水平边使用的图幅称为立式图幅。在确定一项工程所用的图纸大小时,不宜多于两种图幅。目录及表格所用的 A4 图幅,可不受此限。图纸的短边一般不应加长,长边可加长,但应符合表 1-2 的规定。特殊情况下,还可以使用 $b×l$ 为 841mm×892mm、1 189mm×1 261mm 的图幅。

表 1-2 图纸边长加长尺寸

单位:mm

图幅代号	长边尺寸	长边加长后尺寸
A0	1 189	1 486 1 635 1 783 1 932 2 080 2 230 2 378
A1	841	1 051 1 261 1 471 1 682 1 892 2 102
A2	594	743 891 1 041 1 189 1 338 1 486 1 635 1 783 1 932 2 080
A3	420	630 841 1 051 1 261 1 471 1 682 1 892

每张图纸都应在图框的右下角设立标题栏(又称图标)。标题栏规格视图纸的内容与工程具体情况而有不同的设定,可根据需要灵活运用,一般标题栏应有图纸名称、编号、设计单位、设计人员、校核人员及日期等内容。如学生作业用图标题栏可如图 1-2 所示。

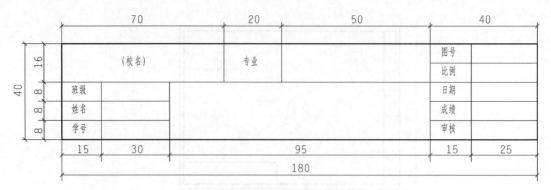

图 1-2　作业用图标题栏（单位：mm）

会签栏包含实名列与签名列，是各工种负责人审验后签字的表格。一般放在装订边内，格式如图 1-3 所示。

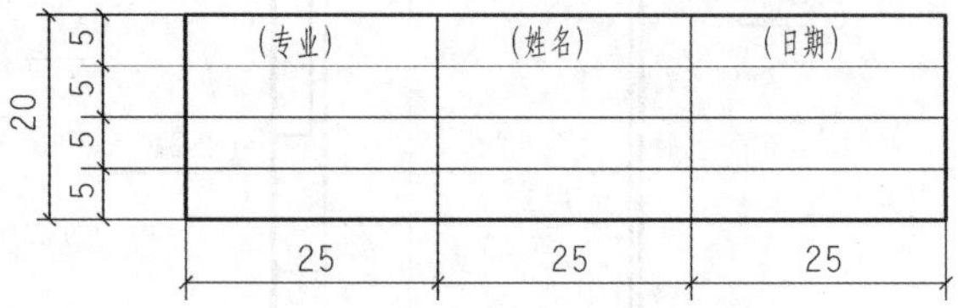

图 1-3　会签栏格式（单位：mm）

1.1.1.2　图线

在工程制图中，为了表达工程图样的不同内容，并使图面主次分明、层次清楚，必须使用不同的线型与线宽来表示。

1. 线型

工程图中的线型有：实线、虚线、点划线、双点划线、折断线和波浪线等多种类型，有的类型又分为粗、中、细三种，用不同的线型与线宽来表示工程图样的不同内容。各种线型的规定及一般用途见表 1-3。

表 1-3　各种线型的规定及一般用途

名称		线型	宽度	用途
实线	粗	———— b	b	① 一般作主要可见轮廓线 ② 平、剖面图中主要构配件断面的轮廓线 ③ 建筑立面图中外轮廓线 ④ 详图中主要部分的断面轮廓线和外轮廓线 ⑤ 总平面图中新建筑物的可见轮廓线
	中	————	$0.5b$	① 建筑平、立、剖面图中一般构配件的轮廓线 ② 平、剖面图中次要断面的轮廓线 ③ 总平面图中新建道路、桥涵、围墙等及其他设施的可见轮廓线和区域分界线 ④ 尺寸起止符号
	细	————	$0.25b$	① 总平面图中新建人行道、排水沟、草地、花坛等可见轮廓线，原有建筑物、铁路、道路、桥涵、围墙的可见轮廓线 ② 图例线、索引符号、尺寸线、尺寸界线、引出线、标高符号、较小图形的中心线

续表

名称		线型	宽度	用途
虚线	粗	— — — —	b	①新建建筑物的不可见轮廓线 ②结构图上不可见钢筋及螺栓线
	中	— — — — —	$0.5b$	①一般不可见轮廓线 ②建筑构造及建筑构配件不可见轮廓线 ③总平面图计划扩建的建筑物、铁路、道路、桥涵、围墙及其他设施的轮廓线 ④平面图中吊车轮廓线
	细	— — — —	$0.25b$	①总平面图上原有建筑物和道路、桥涵、围墙等设施的不可见轮廓线 ②结构详图中不可见钢筋混凝土构件轮廓线 ③图例线
点划线	粗	—·—·—	b	①吊车轨道线 ②结构图中的支撑线
	中	—·—·—	$0.5b$	土方填挖区的零点线
	细	—·—·—	$0.25b$	分水线、中心线、对称线、定位轴线
双点划线	粗	—··—··—	b	预应力钢筋线
	细	—··—··—	$0.25b$	假想轮廓线、成型前原始轮廓线
折断线		─╱─	$0.35b$	不需画全的断开界线
波浪线		∿∿∿	$0.35b$	不需画全的断开界线

2. 线宽

线宽即线条粗细度，国标规定了三种线宽：粗线（b）、中线（$0.5b$）、细线（$0.25b$）。其中 b 为线宽代号，线宽系列共八级（0.18、0.25、0.35、0.5、0.7、1.0、1.4、2.0），常用的线宽组合见表1-4。同一幅图纸内，相同比例的图样应选用相同的线宽组合。图框线、标题栏线的宽度见表1-5。

表1-4 线宽组合

线宽比	线宽组合 /mm					
b	2.0	1.4	1.0	0.7	0.5	0.35
$0.5b$	1.0	0.7	0.5	0.35	0.25	0.18
$0.25b$	0.7	0.5	0.35	0.25	0.18	

表1-5 图框线、标题栏线的宽度

幅面代号	图框线	标题栏外框线	标题栏
A0、A1	1.4	0.7	0.35
A2、A3、A4	1.0	0.7	0.35

3. 图线的画法

绘制工程图时，图线应注意以下几点：

（1）在同一图样中，同类图线的宽度应一致。虚线、点画线及双点划线的线段长度和间隔应各自大致相等。

（2）相互平行的图线，其间隙不宜小于粗实线的宽度，其最小距离不得小于 0.7mm。

（3）绘制圆的对称中心线时，圆心应为线段交点。点划线和双点划线的起止端应是线段而不是短划线。

（4）在较小的图形上绘制点划线、双点划线有困难时，可用细实线代替。

（5）形体的轴线、对称中心线、折断线和作为中断线的双点划线，应超出轮廓线 2~5mm。

（6）点划线、虚线和其他图线相交时，都应在线段处相交，不应在空隙或短划线处相交。

（7）当虚线处于粗实线的延长线上时，粗实线应画到分界点，而虚线应留有空隙。当虚线圆弧和虚线直线相切时，虚线圆弧的线段应画到切点，而虚线直线需留有空隙。

1.1.1.3 字体

工程图样中会大量地使用汉字、数字、拉丁字母和一些符号，它们是工程图样的重要组成部分，字体不规范或不清晰会影响图样质量，也会给工程造成损失，因此国家标准对字体也做了严格规定。

1. 汉字

工程绘图中规定汉字应使用长仿宋字体。汉字的常用字号（字高）有六种，分别为 3.5、5、7、10、14、20，字宽约为高的 2/3。

长仿宋字的特点是笔画刚劲、排列均匀、起落带锋、整齐端庄。其书写要领是横平竖直、注意起落、结构匀称、字形方正。横笔基本要平，可顺运笔方向稍许向上倾斜，竖笔要直，笔画要刚劲有力。横、竖的起笔和收笔，撇、钩的起笔，钩折的转角等，都要顿一下笔，形成小三角和出现字肩。长仿宋体字的示例如图 1-4 所示。

图 1-4 长仿宋体字的示例

2. 字母与数字

拉丁字母、阿拉伯数字及罗马字根据需要可以写成直体或斜体。斜体字一般倾斜 75°，当与汉字一块书写时宜写成直体。拉丁字母、阿拉伯数字及罗马字的字高，应不小于 2.5mm。拉丁字母及数字书写字例如图 1-5 所示。

图 1-5 拉丁字母及数字的书写

1.1.1.4 比例

在工程图样中,往往不可能将图形画成与实物相同的大小,只能按一定比例缩小或放大所要绘制的工程图样。

比例是指图形与实物相对应的线性尺寸之比,即图距:实距=比例。无论是放大或是缩小,比例关系在标注时都应把图中量度写在前面,实物量度写在后面。比值大于1的比例,称为放大比例,如5:1。比值小于1的比例,称为缩小比例,如1:100。比值为1的比例为原值比例,如1:1。

无论采用哪种比例绘图,标注尺寸时必须标注形体的实际尺寸。如图1-6所示。

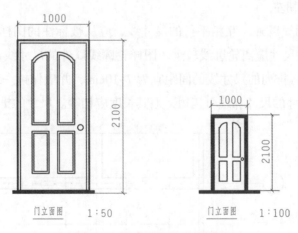

图 1-6 不同比例的工程图样

绘图所用比例,应根据所绘图样的用途、图纸幅面的大小与对象的复杂程度来确定,并优先使用表1-6中的常用比例。

表 1-6 绘图所用的比例

常用比例	可用比例
1:1、1:2、1:5、1:10、1:20、1:50、1:100、1:200、1:500、1:1000	1:3、1:4、1:6、1:15、1:25、1:30、1:40、1:60、1:80、1:150、1:250、1:300、1:400、1:600

1.1.1.5 尺寸标注

尺寸是图样的重要组成部分，也是进行施工的依据，因此国标对尺寸的标注、画法都做了详细的规定，设计制图时应遵照执行。

图样上的尺寸由尺寸界线、尺寸线、尺寸起止符号、尺寸数字四要素组成。尺寸标注的组成与界线距离如图 1-7 所示。

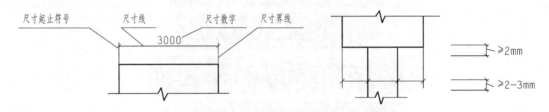

图 1-7 尺寸标注的组成与界线距离

尺寸界线用细实线绘制，一般应与被注长度垂直，其一端应离开图样轮廓线不小于 2mm，另一端宜超出尺寸线 2~3mm。必要时，图样轮廓线可用作尺寸界线。

尺寸线用细实线绘制，应与被注长度平行，且不宜超出尺寸界线。任何图线均不得用作尺寸线。

尺寸起止符号一般应用中粗斜短线绘制，其倾斜方向应与尺寸界线成顺时针 45°，长度为 2~3mm。

尺寸数字一律用阿拉伯数字注写，尺寸单位一般为 mm，在绘图中不用标注。尺寸数字是指工程形体的实际大小，与绘图比例无关。尺寸数字一般标注在尺寸线中部的上方，字头朝上；竖直方向尺寸数字应注写在尺寸线的左侧，字头朝左。

尺寸宜标注在图样轮廓线以外。互相平行的尺寸线，应从被标注的图样轮廓线由近向远整齐排列，小尺寸应离轮廓线较近，大尺寸应离轮廓线较远。图样轮廓线以外的尺寸线，距图样最外轮廓线之间的距离，不宜小于 10mm。平行排列的尺寸线的间距宜为 7~10mm，并应保持一致。总尺寸的尺寸界线，应靠近所指部位，中间的分尺寸的尺寸界线可稍短，但其长度应相等。尺寸的排列与布置如图 1-8 所示。

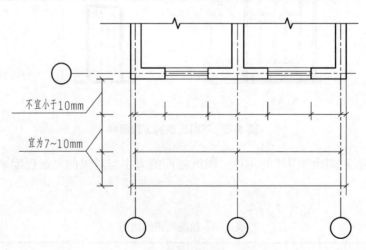

图 1-8 尺寸的排列与布置

半径的尺寸线，应一端从圆心开始，另一端画箭头指至圆弧。半径数字前应加注半径符号"R"。圆及大于半圆的圆弧应标注直径，在直径数字前，应加符号"ϕ"。在圆内标注的直径尺寸线应通过圆心，两端箭头指向圆弧；较小圆的直径尺寸，可标注在圆外。

角度的尺寸线是圆心在角顶点的圆弧,尺寸界线为角的两条边,起止符号应以箭头表示,角度数字应水平方向书写。标注坡度时,在坡度数字下应加注坡度符号——单面箭头,一般应指向下坡方向。坡度也可以用直角三角形形式标注。

半径、直径、角度与坡度标注如图1-9所示。

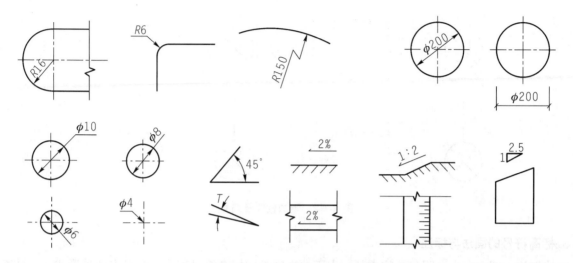

图1-9 半径、直径、角度与坡度标注

1.1.1.6 符号

1. 剖面剖切符号

剖面的剖切符号,应由剖切位置线、剖视方向线、剖切符号编号组成。剖切线以粗实线绘制,长度宜为6~10mm,剖视方向线应垂直于剖切位置线,长度应短于剖切位置线,宜为4~6mm。绘图时,剖面剖切符号不宜与图面上的图线相接触。剖切编号采用阿拉伯数字,并注写在剖视方向线的端部。需要转折的剖切位置线,在转角的外侧加注与该符号相同的编号。如图1-10所示。

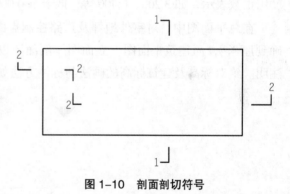

图1-10 剖面剖切符号

2. 定位轴线及编号

在建筑施工图中,将用来表示承重的墙或柱子位置的中心线称定位轴线。画图时在轴线的端部用细实线画一个直径为8~10mm的圆圈,并在其中注明编号。轴线编号注写的原则是:水平方向,由左至右用阿拉伯数字顺序注写;竖直方向,由下向上用拉丁字母注写。国标规定,字母I、O、Z不得用为轴线编号。由轴线形成的网格称轴线网。轴线网及编号如图1-11所示。

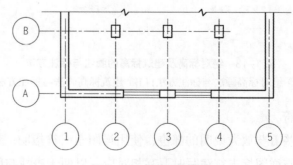

图1-11 轴线网及编号

在建筑物中有些次要承重构件,往往不处在主要承重构件形成的轴线网上,这种构件的轴线编号用分数表示,称为附加轴线;附加轴线编号中分母表示主要承重构件编号;分子表示主轴线后或前的第几条附加轴线的编号。附加轴线及编号如图1-12所示。

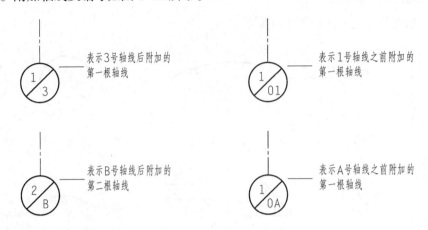

图1-12 附加轴线及编号

3. 标高符号的画法与标注

在建筑施工图中,为说明建筑物中某一表面的高度常用标高符号表明。标高有两种形式:一是绝对标高,是以海平面为零点的测绘标高;二是建筑标高(又称相对标高),是以房屋建筑底层主要地面为零点进行计算高程的标高。底层地面高度定为±0.000(表示以米为单位精确到毫米),高于±0.000的表面高度用正数表示,如3.200、6.400等;低于±0.000的表面用负数表示,如-0.450,-0.600,-1.450等。

在总平面图中,对室外地坪及道路控制点的高程,宜采用绝对标高表明(绝对标高是以米为单位精确到厘米),而建筑平面图、立面图、剖面图以及各种建筑详图中,其重要表面的高程宜采用建筑标高注明。绝对标高及建筑标高的画法与标注方法如图1-13所示。

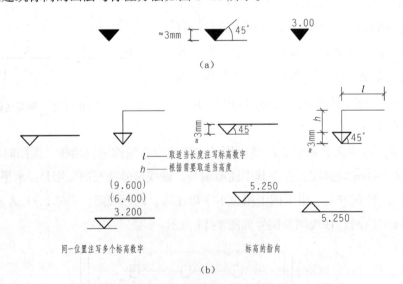

图1-13 绝对标高及建筑标高的画法与标注方法
(a)绝对标高画法与标注方法;(b)建筑标高画法与标注方法

4. 详图索引与详图标志符

在建筑施工图中,对某些需要放大说明的部位,使用详图索引符指明;对放大后的详细图样,同样要用标志符表明。详图索引与详图标志符注写时要互相对应,以便于查找与阅读有关的图样。索引符的编号圆应画成直径为10mm的细线圆;标志符应画成直径为14mm的粗线圆。其注写方法如图1-14所示。

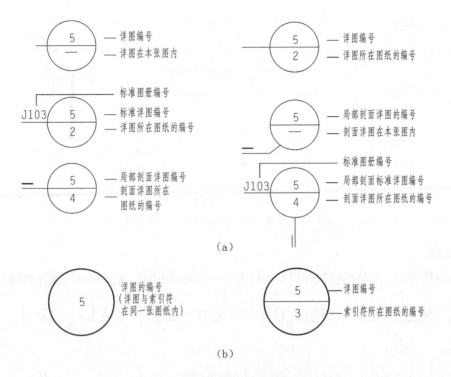

图1-14 详图索引与详图标志符号
(a) 索引符号;(b) 标志符号

5. 引出线与注解

在建筑施工图中,对建筑材料、构造做法及施工要求等投影无法表明的问题要用引出线引出,并用文字注解进行说明。引出线引出方式及注解方法如图1-15所示。

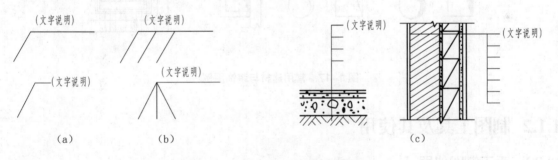

图1-15 引出线引出方式及注解方法
(a) 直接引出;(b) 共同引出;(c) 分层引出

6. 其他符号及画法

对称符号:表明轴线两侧图形对称,使用对称符号画图时可只画出符号一侧的半个图形,而将另一半省略不画,如图1-16(a)所示。

连接符号:两长断线之间的形体与断线外两侧的形体形状相同时,可用连接符省去中间部分,如图1-16(b)所示。

指北针:在平面图中用指北针符号指明朝向。圆圈直径为24mm,尾部宽约3mm,针尖所指为北,如图1-16(c)所示。

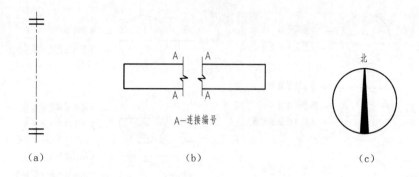

图 1-16 常用符号
（a）对称符号；（b）连接符号；（c）指北针

1.1.1.7 图例

在建筑与装饰图样中，所用的建筑材料与构件表达要用图例表明。常用建材与装饰图例如图 1-17 所示。

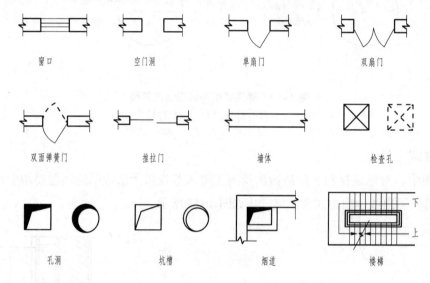

图 1-17 常用建材与装饰图例

1.1.2 制图工具及其使用

1.1.2.1 手工制图仪器

在以尺、圆规、笔在图板上进行的手工绘图中，正确使用笔、尺、圆规、图板等绘图工具和仪器，是保证绘图质量和加快绘图速度的一个重要方面。

1. 图板、丁字尺和三角板

图板、丁字尺和三角板的用法如图 1-18 所示。

图板是用来铺放与固定图纸的垫板，要求表面平整光洁，边角平直，便于丁字尺上下移动的导向。

丁字尺是水平线的长尺。尺头紧靠图板左侧的导向边，移动到所需画线的位置，自左向右画水平线。

三角板除了直接画直线外，也可配合丁字尺画垂直线和与水平线成 30°、45°、60° 的倾斜线；两块三角板配合还可画出与水平线成 15°、75° 的倾斜线。

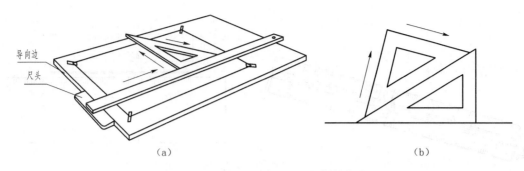

图 1-18 图板、丁字尺、三角板的用法

2. 圆规与分规

圆规是画圆或圆弧的工具。使用圆规时应先调整针脚，使针脚尖略长于铅芯。画圆时，应将圆规向前进方向稍微倾斜；画较大的圆时，应使圆规两脚都与纸面垂直。

分规是用来量取线段的长度和分割线段、圆弧的工具。图 1-19 所示为用分规采用试分法五等分直线段 AB。试分过程如下：先目测，将分规两针张开约直线段的 1/5 长，在直线段上连续量取五次，若分规的终点 C 落在点 B 之外，应将张开的两针间距缩短约 $BC/5$。若终点 C 落在点 B 之内，则将两针间距增大，重新再量取，直到点 C 与点 B 重合为止。此时分规张开的距离即可将线段 AB 五等分。等分圆弧的方法与等分线段的方法类似。

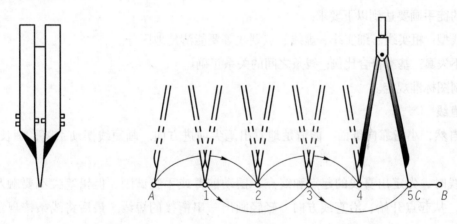

图 1-19 用分规采用试分法五等分直线段 AB

3. 比例尺

建筑物的形体比图纸大得多，它的形体尺寸不可能用实际尺寸画出来，而是根据实际需要与图纸的大小，选用适当的比例将图形缩小表示。

比例尺就是用来缩小（或放大）图形用的，如图 1-20 所示。有的比例尺做成三棱柱状，所以又称三棱尺。大部分三棱尺有六种刻度，分别表示 1∶100、1∶200、1∶300、1∶400、1∶500、1∶600 这六种比例。还有的比例尺做成直尺形状，称为比例直尺，它只有一行刻度和三行数字，表示三种比例，即 1∶100、1∶200、1∶500。比例尺上的数字以米为单位。

4. 图纸及其他工具

图纸有绘图纸和描图纸两种。绘图纸一般以质地厚实、颜色洁白、橡皮擦拭不易起毛为佳。描图纸应有韧性、透明度好。

绘图用其他工具有建筑模板，曲线板，0.3mm、0.6mm、0.9mm 绘图墨线笔，铅笔等。

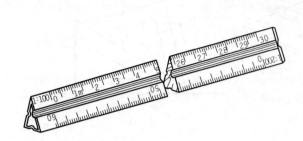 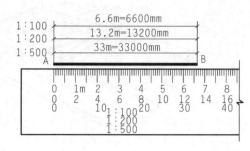

图 1-20　比例尺

5. 学习本课程具体必备的绘图工具及材料

木质绘图板（450mm×600mm）一个，丁字尺（450~600mm）一把，三角板一套（30°、45°、15mm），四大件圆规一个（含分规、直线笔功能），曲线板一个，制图模板一个，铅笔刀一把，透明胶带一卷，H型、HB型、B型铅笔各三支，绘图橡皮擦一个，0号图纸一张。

1.1.2.2　徒手绘图

徒手绘制工程图样，能迅速地表达形体或设计意念，是工程技术人员必须掌握的一种技能。

1. 工程图样的徒手画要求

工程图样的徒手画要达到以下要求：

（1）分清线型：粗实线、细实线、虚线、点划线等要能清楚地区分。

（2）图形不失真：基本符合比例；线条之间的关系正确。

（3）符合制图标准规定。

2. 徒手画直线

运笔力求自然，小指靠向纸面，能清楚地看出笔尖前进方向。画短线摆动手腕，画长线摆动前臂，眼睛注视终点。

徒手画直线时，先定出直线的起点和终点，摆动前臂或手腕试画，但铅笔尖不要触及图纸。然后眼睛注视终点，从起点开始，沿直线方向，轻轻画出一串衔接的短线。最后将线条按规定线型加深为均匀连续直线。

3. 徒手画圆周、圆弧

以小指或手腕关节为支点，旋转铅笔。徒手画圆步骤如图1-21所示，可先画水平、垂直中心线，再加45°斜线，然后在各线上定出圆周的点，最后连接各点成圆。

 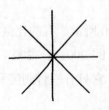 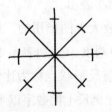 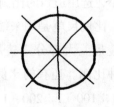

图 1-21　徒手画圆

计划与实施

（1）选用某一物体平面图形，在图纸上完成图框线、会签栏、标题栏，结合图纸大小确定合适比例，并给图形标注尺寸，完成后提出还有哪些标准未体现出来。

（2）收集一套产品图样并加以分析，判断它的图样中所体现出来的国家制图标准主要有哪些。

（3）看一看我们的相关参考书还有哪些制图标准类型。

（4）用图板、丁字尺、三角板等手工仪器进行绘图，选用某平面图形，在A4图纸上确定合适比例，完成图形绘制，完成后检查图线画法是否规范。

评价反馈

1. 自我评价

（1）是否了解制图标准的定义及其形式？　　　　　　　　　　　　　　□是 □否
（2）是否熟练掌握制图标准的种类？　　　　　　　　　　　　　　　　□是 □否
（3）收集两种以上不同类型图形，是否能说出它们的制图标准类型？　　□是 □否
（4）是否熟练掌握手工仪器制图方法？　　　　　　　　　　　　　　　□是 □否

2. 小组评价

（1）是否熟悉制图标准的定义及其形式？　　　　　　　　　　　　　　□是 □否
（2）收集图形图样是否达到两种以上？　　　　　　　　　　　　　　　□是 □否
（3）是否能独立分析各种图形图样中采用了哪些标准样式？　　　　　　□是 □否
（4）是否熟悉手工仪器制图方法？　　　　　　　　　　　　　　　　　□是 □否

参评人员（签名）：_____

3. 教师评价

教师总体评价：

参评人员（签名）：_____　　年　月　日

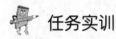 任务实训

收集一家企业设计资料，分析它们的图形图样各有什么样的制图标准（可实地考察或上网查阅）。

作　业

（1）制图的国家标准有哪些方面的规定？
（2）运用国家标准，在图纸上独立完成某一类产品的平面图形。
（3）制图的仪器有哪些？它们都如何使用？
（4）徒手绘制图有哪些要求及要领？

学习任务 1.2 几何制图法

 学习目标

掌握几何制图的基本方法并快速制图。

 应知理论

几何制图的方法。

应会技能

快速制图、准确制图。

1.2.1 基本几何作图

1.2.1.1 作直线的平行线

（1）作水平线的平行线。如图 1-22 所示，使丁字尺的工作边与已知水平线 AB 平行，沿绘图板工作边平推丁字尺，使丁字尺工作边紧贴点 C，作直线 CD。CD 即为 AB 的平行线。

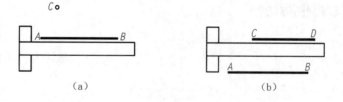

图 1-22 作水平线的平行线

（2）作斜线的平行线。如图 1-23 所示，使三角板 a 的一边紧贴 AB，将三角板 b 的一条边紧贴 a 的另一边，按住三角板 b 不动，推动三角板 a 沿 b 的一边平移至点 C，作直线 CD 即为 AB 的平行线。

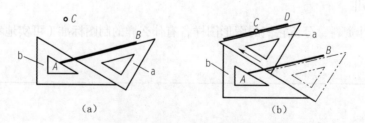

图 1-23 作斜线的平行线

1.2.1.2 作直线的垂直线

（1）作水平线的垂直线。如图 1-24 所示，丁字尺的工作边紧贴已知水平线 AB，将三角板的一直角边紧贴丁字尺工作边，沿三角板的另一直角边过点 C，从下至上作直线 CD。CD 即为 AB 的垂直线。

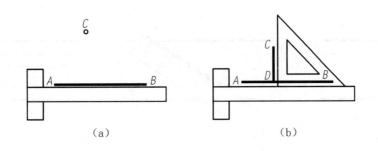

图 1-24 作水平线的垂直线

（2）作斜线的垂直线。如图 1-25 所示，使三角板 a 的一直角边紧贴 AB，其斜边靠在另一三角板的一边，推动三角板 a，使其另一直角边过点 C，作直线 CD。CD 即为 AB 的垂直线。

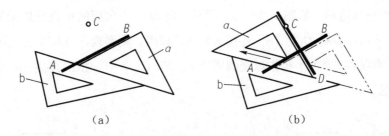

图 1-25 作斜线的垂直线

1.2.1.3 等分线

1. 等分任意直线段

五等分线段 AB，如图 1-26 所示。

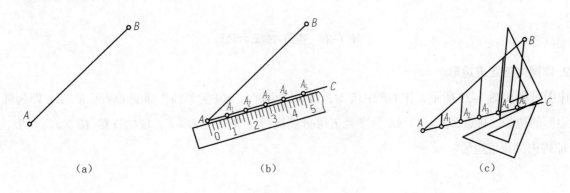

图 1-26 五等分线段 AB

已知直线段 AB，过点 A 作任意直线 AC，用直尺（或分规）在 AC 上截取 5 个单位，连接 A_5B，过点 A_1、A_2、A_3、A_4 作 A_5B 的平行线，交 AB 于 4 个等分点。线段 AB 即被五等分。

2. 等分两平行线之间的距离

在房屋建筑工程图中，经常用到等分两平行线间的距离，下面以图 1-27 的五等分为例说明其作图方法和步骤。

已知平行线 AB 和 CD，将尺身 0 刻度置于 CD 上，摆动尺身，使刻度 5 落在 AB 上，得 4 个等分点，过各等分点作 AB、CD 的平行线，即为所求平分线。

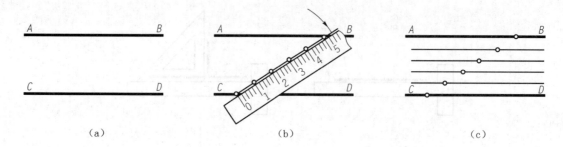

图 1-27 分两平行线 AB 和 CD 之间的距离为五等份

1.2.1.4 多边形绘制

1. 作已知圆的内接正六边形

用 60° 三角板作正六边形，如图 1-28（a）所示。将 60° 三角板的短直角边紧靠丁字尺工作边，沿斜边分别过点 A、D 作 AB、DE、DC、AF，连接 EF、BC 即得。用圆规、直尺作正六边形，如图 1-28（b）所示。分别以 A、D 为圆心、R 为半径作弧交圆周于 B、F、C、E 点，依次连接 AB、BC、CD、DE、EF、FA 即得内接正六边形。

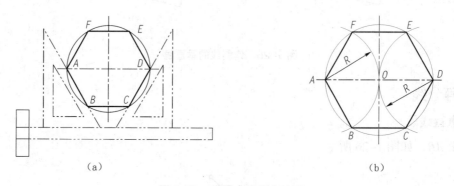

图 1-28 作圆内接正六边形

2. 作圆内接正五边形

作图过程如图 1-29 所示，作 OP 中点 M，以 M 为圆心、MA 为半径作弧交 ON 于 K，AK 即为圆内接正五边形的边长；自点 A 起，以 AK 为半径五等分圆周得点 B、C、D、E，依次连接 AB、BC、CD、DE、EA，即得内接正五边形。

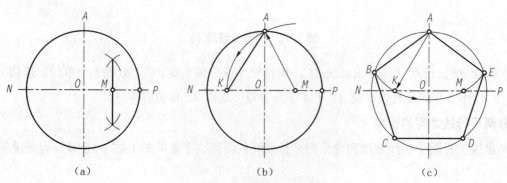

图 1-29 作圆内接正五边形

3. 作圆内接正 n 边边形

设 n=7。先把直径 AB 分为七等份，再以 B 点（或 A 点）为圆心、BA 为半径画圆弧，与 CD 的延长线交于 K、K' 两点，如图 1-30（a）所示。过 K、K' 两点分别与直径 AB 上的偶数分点（或奇数分点）连线，并将连线延长与圆周交于Ⅰ、Ⅱ……Ⅵ各点。顺次连接A、Ⅰ、Ⅱ、Ⅲ、Ⅳ、Ⅴ、Ⅵ、A各点，即为所求正七边形，如图1-30（b）所示。

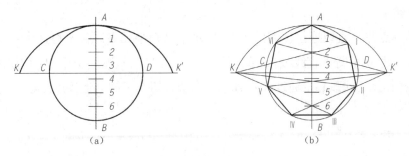

图1-30　作圆内接正七边形

注意： 这个作图方法是近似法，其中以作正五边形、正七边形误差较小，边数大于13误差较大。若内接多边形的边数较多，可用圆的角度（360°）除以多边形边数进行作图，具体做图请读者自行尝试。

1.2.1.5　椭圆画法

1. 同心圆法（用曲线板画）

已知椭圆的长轴和短轴，分别取为直径作两个同心圆。过圆心作任意径向直线，如图1-31中AB，交大圆于A、B两点，交小圆于C、D两点。过A、B分别作垂直线，与过C、D分别作水平线相交于1、2两点，即为椭圆上的点。按同样的方法，多作一些径向直线，求得相当数量的点后，用曲线板光滑连接即成椭圆。

2. 四心圆法（用圆规画）

已知椭圆的长轴和短轴，画两垂直相交直线交点为O，在水平线上以O为中点作长轴AB，在垂直线上以O为中点作短轴CD，定出四点。连接AC。以O为圆心，OA为半径画圆弧交垂直线于E点，即OE=OA，再以C为圆心，CE为半径画圆弧交AC于F点。然后，作AF线段的垂直二等分线，交水平线于G点，交垂直线于H点。以H为圆心、HC为半径画大圆弧；以G为圆心、GA为半径画小圆弧。大圆弧、小圆弧的连接点为J，J点在大、小圆弧圆心连线的延长线上。这样就画出了椭圆弧AC，按此方法画出椭圆弧AD、BC、BD，如图1-32所示。

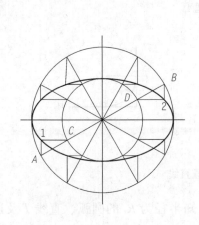

图1-31　同心圆法作椭圆

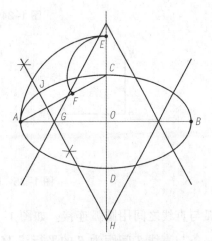

图1-32　四心圆法作椭圆

1.2.2　圆及圆弧的画法

圆弧连接画法是指用圆规画圆弧光滑地连接两个线段，这在产品图样中经常遇到。掌握这个方法就可以用尺寸标注代替画方格网线，精确方便。因此，一般进行较小的圆弧设计时应尽可能利用圆弧连接画法。

1. 圆弧连接直线

（1）圆弧通过一点并与直线连接。如图 1-33 所示，已知半径 R、点 A 和直线 L。以 A 点为圆心、R 为半径作弧，再作直线 M 平行于直线 L，其间距为 R，直线 M 与圆弧的交点 O 即为连接圆弧的圆心。以 O 为圆心、R 为半径作弧，此弧必定通过 A 点且与 L 相切，切点 T 即为连接点位置。

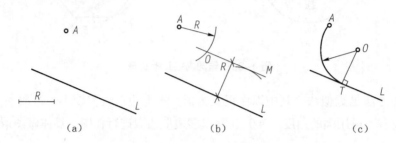

图 1-33　圆弧通过一点并与直线连接

（2）圆弧连接两直线。如图 1-34 所示，分别用已知圆弧的半径 R 作为平行线与已知直线间的距离作两直线的平行线，这两条作图线的交点即为连接圆弧的圆心。从圆心分别向已知线段作垂线，其垂足即为连接点，于是就可以画连接圆弧。如两直线成直角，还可更简单。以两直线交点为圆心、R 为半径作圆弧，圆弧与两直线的交点为连接点，再以这两连接点分别为圆心，以 R 为半径作圆弧，两圆弧相交于 O 点，交点 O 即为连接圆弧的圆心。

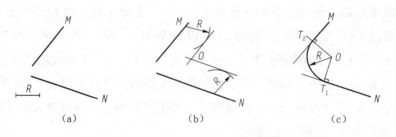

图 1-34　圆弧连接两直线

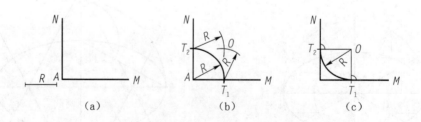

图 1-35　圆弧连接两垂直直线

（3）圆弧与直线之间用圆弧连接。如图 1-36 所示，已知半径为 R_1 的圆弧、直线 T 及连接圆弧半径为 R。作一条与直线 T 间距为 R 的平行线 M，以 O_1 为圆心、$R+R_1$ 为半径画弧，交直线 M 于 O 点，O 点即为连接圆弧的圆心。再连接 OO_1 并交已知圆弧于 T_1，过 O 点作直线 T 的垂线得垂足 T_2。然后以 O 点为圆心，以 R 为半径作圆弧连接 T_1T_2，即为所求。

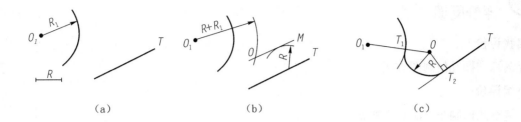

图 1-36 圆弧与直线之间用圆弧连接

2. 圆弧间的连接

（1）圆弧与两已知圆弧内切连接。所谓内切，即各圆心在所作圆弧的同一侧。如图 1-37 所示，已知半径为 R_1、R_2 的两圆弧及连接圆弧的半径 R，求内切圆弧。分别以 O_1、O_2 为圆心，以 $R-R_1$、$R-R_2$ 为半径作圆弧，两圆弧相交于 O 点。然后分别连接 OO_1、OO_2，并延长与两已知圆弧分别交于 T_1、T_2 两点。再以 O 为圆心、R 为半径作圆弧连接 T_1T_2，即为所求。其中 T_1、T_2 为内切圆弧的切点。

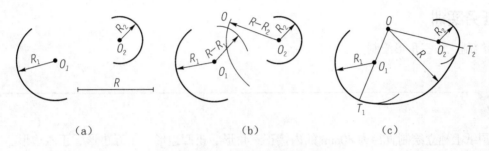

图 1-37 圆弧与两已知圆弧内切连接

（2）圆弧与两已知圆弧外切连接。所谓外切，即所求圆心与已知两圆心分别处在所作圆弧的两侧。如图 1-38 所示，已知半径为 R_1、R_2 两圆弧及连接两圆弧的半径 R，求外切圆弧。分别以 O_1O_2 为圆心，以 $R+R_1$、$R+R_2$ 为半径作圆弧，相交于 O 点。然后分别连接 OO_1、OO_2，并与两已知圆弧相交于 T_1T_2 两点。再以 O 为圆心、R 为半径作圆弧连接 T_1T_2，即为所求。其中 T_1、T_2 为外切圆弧的切点。

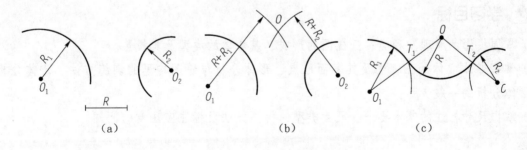

图 1-38 圆弧与两已知圆弧外切连接

在圆弧连接的作图中，注意切点在圆心的连接线或其延长线上。

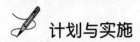

计划与实施

（1）指定某一直线进行等分，作其平行线、垂直线，完成后检查是否准确绘制出来。

（2）绘制指定直径圆内接正六边形、内接正五边形，完成后检查是否准确绘制出来。

评价反馈

1. 自我评价

是否熟练掌握几何制图方法？　　　　　　　　　　　　　　　　　　　　□是 □否

2. 小组评价

（1）基本几何制图方法是否熟悉？　　　　　　　　　　　　　　　　　□是 □否

（2）能否独立进行基本几何图形绘制？　　　　　　　　　　　　　　　□是 □否

参评人员（签名）：_____

3. 教师评价

教师总体评价：

参评人员（签名）：_____　　年　月　日

 任务实训

正七边形绘制、正三角形绘制。

作　业

在A4图纸上独立绘制直径为80mm的内接正三角形、正四边形、正五边形、正六边形。

学习任务1.3　投影图画法

 学习目标

（1）掌握投影的原理及种类、三视图的形成、基本体的类型及其投影。

（2）掌握基本立体的三视图及其表面取点、形体分析与看图构思的训练方法、形体分析的基本方法及形体分析的一般步骤。

（3）掌握尺寸标注的基本要求、尺寸类型、标注方法及标注应注意的问题。

 应知理论

（1）投影法的基本概念，三视图的形成、对应关系，形体分析的基本方法（形体分析、线面分析）。

（2）尺寸标注的基本要求、尺寸类型、标注方法、标注要注意的问题。

应会技能

（1）正确绘制三视图，正确运用形体分析绘制三视图。

（2）正确在三视图中进行尺寸标注。

1.3.1 三视图的形成

几何形体在光线照射下，会在某一平面上产生影子。如图1-39所示，设光源 S 为投射中心，平面 P 为投影面，在光源 S 和平面 P 之间有一空间三角形 ABC，将 SA 连成直线，并延长与平面 P 交于 a。点 a 就是空间点 A 的投影，SA 称为投影线；用同样的方法，分别连投影线 SB、SC 与平面 P 交于 b、c，它们分别是三角形 ABC 角点 B、C 在平面 P 上的投影，连接 ab、bc、ca 得到三角形 ABC 在 P 面的投影——三角形 abc。这种投影线通过几何形体，向特定的面投射，并在该面上得到图形的方法称为投影法。简而言之，投影法就是使几何形体在平面上产生图像的方法。

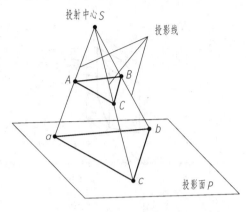

图 1-39 中心投影法

1.3.1.1 投影法的分类

根据投影线的类型（平行或相交）、投影线与投影面的相对位置（垂直或倾斜），投影法分为如下两类。

1. 中心投影法

如图1-39所示，投射线汇交于一点的投影法，称为中心投影法。投射中心、几何形体、投影面三者之间的相对距离对投影的大小有影响。中心投影法的度量性较差，主要用来画透视图，当用该方法绘制工业产品和建筑物外观时，具有较真实的立体感。

2. 平行投影法

如图1-40所示，投影线互相平行的投影法，称为平行投影法。平行投影法又分为正投影法和斜投影法。

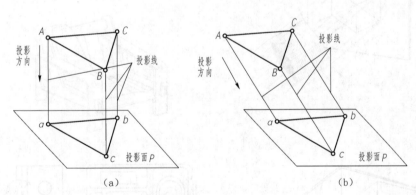

图 1-40 平行投影法
（a）正投影法；（b）斜投影法

（1）正投影法是指投影方向垂直于投影面的平行投影法，如图1-40（a）所示。使用正投影法所得的图形，称为正投影。用正投影法画图时，投影大小与几何形体和投影面之间的距离无关，投影能反映几何形体的真实形状和大小，度量性好，作图也比较方便。一般工程图样及正轴测图都采用正投影法绘制。

（2）斜投影法是指投影线倾斜于投影面的平行投影法，如图1-40（b）所示。斜投影法经常用来绘制斜轴测图。

图 1-41 所示是工程上常见的几种投影法。

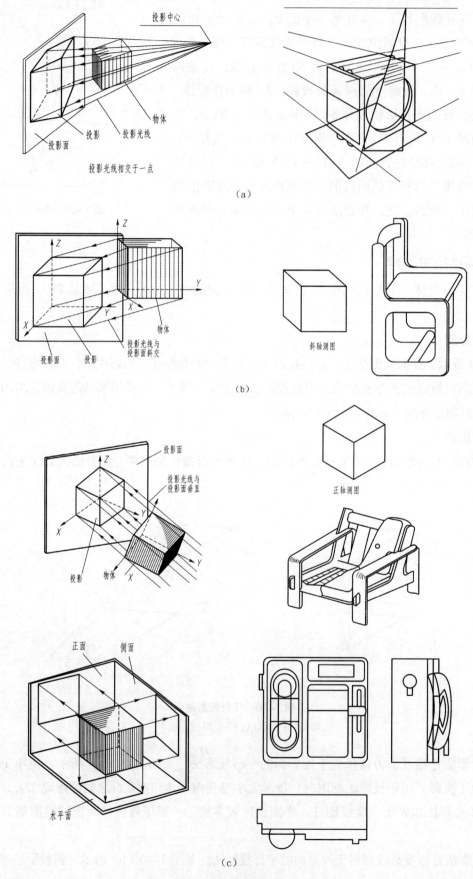

图 1-41　工程上常见的几种投影法
(a) 中心投影法；(b) 斜投影法；(c) 正投影法

1.3.1.2 正投影的基本特性

由于正投影法的特点,投影线相互平行,且垂直于投影面,当被投影的几何要素与投影面有不同相对位置时,就会有不同的结果。分析其投影特点,总结其共同规律,对于画正投影图是十分必要的。

1. 真实性

平面(或直线段)平行于投影面时,其投影反映实形(或实长)。这种投影特性称为真实性,如图1-42(a)中四边形 CDEF。

2. 积聚性

平面(或直线段)垂直于投影面时,其投影积聚为线段(或一点)。这种投影特性称为积聚性,如图1-42(b)中平面三角形 ABC 和线段 BC。

3. 类似性

平面(或直线段)倾斜于投影面时,其投影变小(或变短),但投影形状与原来形状相类似,平面多边形的边数保持不变,这种投影性质称为类似性,如图1-42(c)中三角形 ACD。

4. 平行性

形体上相互平行的线段,其投影仍相互平行,如图1-42(d)中线段 AB//CD,a'b'//CD,a'b'//c'd'。

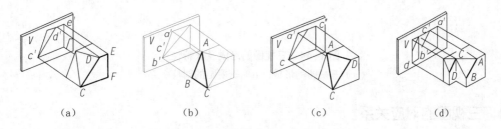

图1-42 正投影的基本特性
(a)真实性;(b)积聚性;(c)类似性;(d)平行性

由于正投影具有真实性,因此用正投影图如实反映一个物体十分方便。由于其图形简单准确,度量性好,几乎所有的工程图都用正投影法绘制。但是,由于正投影的积聚性,只用一个视图是不能反映物体三维空间形态的,如图1-43所示。如图1-43(a)所示,仅仅一个投影显然不能说明该物体有多厚。不仅如此,甚至有不同形状的物体也可能获得同一形状的投影,如图1-43(b)所示。由此可见,要全面反映物体三维空间形状,至少应用三个投影。

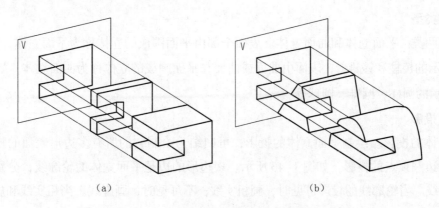

图1-43 一个视图不能完整地表达物体的形状
(a)物体的厚薄不同;(b)物体的形状不同

1.3.1.3 三视图的形成

如图1-44(a)所示,将立体置于三投影面体系中。根据有关标准和规定,用正投影法所绘制出的立体的图形,称为视图。在正投影面上,由前向后投射所得的正面投影称为主视图,通常反映立体的主要形状特征;在水平投影面上,由上向下投射所得的水平投影称为俯视图;在侧投影面上,由左向右投射所得的侧面投影称为左视图,亦即立体的侧面投影。

为使三个投影面在一个平面上,就要展开三个投影面。根据制图标准,正投影面 V 不动,水平面 H 绕 X 轴向下旋转,侧面 W 绕 Z 轴逆时针旋转,直至三个投影面展开在同一平面内,如图 1-44(b)所示。

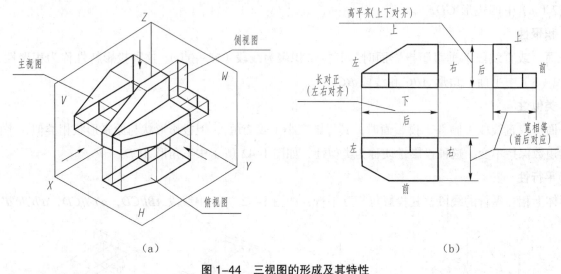

(a) (b)

图 1-44 三视图的形成及其特性
(a)三视图的形成;(b)三视图的对应关系

1.3.1.4 三视图的对应关系

如图 1-44(b)所示,由投影面展开后的三视图可以看出:主视图反映立体的长和高;俯视图反映立体的长和宽;侧视图反映立体的高和宽。

由此可得出三视图的对应关系:主、俯视图长对正;主、左视图高平齐;俯、左视图宽相等。

注意:俯、左视图除了反映宽相等以外,还有前、后位置应符合对应关系。俯视图的下方和左视图的右方表示立体的前方,俯视图的上方和左视图的左方表示立体的后方。为了更加清晰地表达视图,在三视图中都不画投影轴。

1.3.1.5 基本体的类型及其投影

1. 基本体的类型

立体可分为两类:平面立体和曲面立体。表面全部由平面围成的立体称为平面立体,如图 1-45(a)、图 1-45(b)所示的棱柱和棱锥等;表面由曲面或曲面与平面围成的立体称为曲面立体,如图 1-45(c)~图 1-45(e)所示的圆柱、圆锥、圆球等。

2. 基本体的投影

(1)平面立体的投影。绘制平面立体的投影,可归结为绘制它的所有多边形表面的投影,也就是绘制这些多边形的边和顶点的投影,如图 1-46 所示。多边形的边是平面立体的轮廓线,分别是平面立体的每两个表面的交线。当轮廓线的投影可见时,画粗实线;不可见时,画虚线。当粗实线和虚线重合时,应画粗实线。

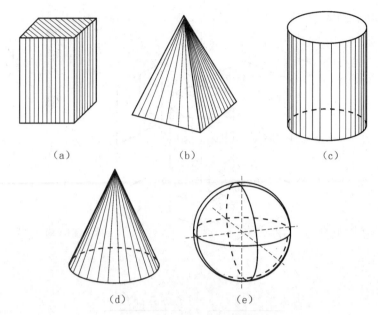

图 1-45 平面立体和曲面立体
（a）棱柱；（b）棱锥；（c）圆柱；（d）圆锥；（e）圆球

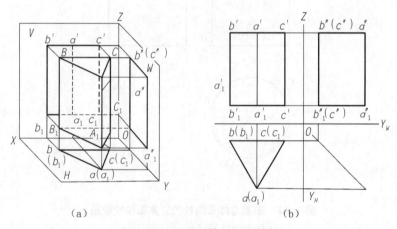

图 1-46 平面立体-正三棱柱
（a）立体图；（b）投影图

（2）曲面立体的投影。曲面立体由曲面或平面和曲面围成。有的曲面立体有轮廓线，即表面之间的交线，如圆柱的顶面与柱面的交线圆；有的曲面立体有顶点，如圆锥的锥顶；有的曲面立体全部由光滑的曲面围成，如球。在作曲面立体的投影时，除了画出轮廓线和尖点外，还要画出曲面投影的转向轮廓线，它是曲面的可见投影和不可见投影的分界线。因此，作曲面立体的投影就是作它的所有曲面或曲面表面和平面表面的投影，即曲面立体的轮廓线、尖点的投影和曲面投影的转向轮廓线。图 1-47 所示为曲面立体正圆柱的立体图和投影图。

28 室内设计制图

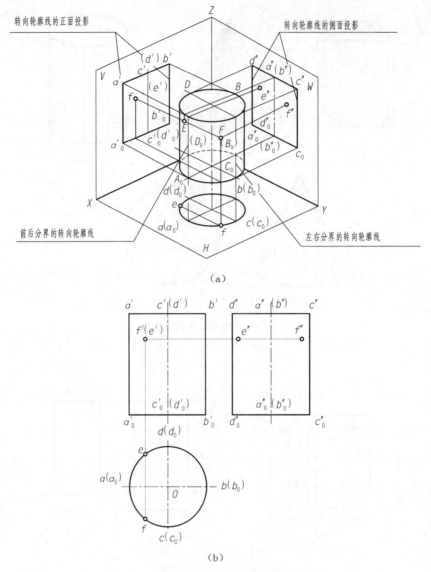

图 1-47 曲面立体正圆柱的立体图和投影图
（a）立体图；（b）投影图

1.3.1.6 点、直线和平面的投影

为了进一步深化对立体投影的研究，有必要对构成立体的顶点——点，棱线——直线，表面——平面的投影特性加以剖析，因为任何一个几何形体都是由若干个面组成，而面又是由线组成，线由点组成。所以，我们必须从分析点、线、面入手，掌握投影的特点。

1. 点的投影

点在立体上是相当于某个顶点的位置，是一些棱线的交点，如图 1-48 中四棱锥的锥顶 A。看该四棱锥立体的视图，从 3 个视图上找到锥顶 A 的投影，可见完全符合前面叙述的投影规律。

现把空间某一点 A 抽象出来研究它的投影，如图 1-49 所示，从图中可看到作 A 点的三面投影，就是由 A 点分别向 3 个投影面作垂线，其垂足 a、a'、a'' 即为 A 点的三面投影。

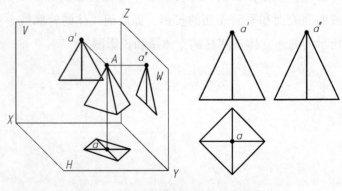

图 1-48 立体表面上一个点的投影

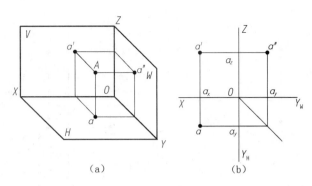

图 1-49 点 A 投影展开图
（a）立体图；（b）投影图

（1）点的规范标注。空间要素用大写字母表示，如 A、B、C 等；其投影用相应的小写字母表示，如水平投影用 a、b、c 等；正面投影用 a'、b'、c' 等；侧面投影用 a''、b''、c'' 等。

我们把空间体系的立体图中的 3 个投影面展开，得到 A 点的三面投影（见图 1-49）可以看到：

A 点的正面投影 a' 由 X 和 Z 两个坐标决定，其中：X 坐标为 $Oa_x = a_z'$；Z 坐标为 $Oa_z = a_x'$。

A 点的水平投影 a 由 X 和 Y 两个坐标决定，其中：X 坐标为 $Oa_x = aa_y$；Y 坐标为 $Oa_y = aa_x$。

A 点的侧面投影 a'' 由 Y 和 Z 两个坐标决定，其中：Y 坐标为 $Oa_y = a''a_z$；Z 坐标为 $Oa_z = a''a_y$。

从图 1-49 中可以看出，A 点的每一个投影都反映两个坐标位置，实际就是 A 点到两个投影面的距离，例如：

a 中的 X 坐标反映 A 点到 W 面的距离，Z 坐标反映 A 点到 H 面的距离；

a' 中的 X 坐标反映 A 点到 W 面的距离，Y 坐标反映 A 点到 V 面的距离；

a'' 中的 Y 坐标反映 A 点到 V 面的距离，Z 坐标反映 A 点到 H 面的距离。

因此，我们不难看出，任何两个投影中都包含了 X、Y、Z 三个坐标，也就是说空间的一个点的两个投影确定了，这个点的位置就确定了，根据前面介绍的三视图的对应关系，第三个投影很容易求出。换句话说，我们可以用坐标值（X，Y，Z）来确定某点的正确位置，从而画出其三面投影图。

例如，有一点 B，已知 B（30，20，40）就可以画三面投影图，如图 1-50 所示，图中每段的长度已标出。画其直观图时，可先画各面投影 b、b' 和 b''，注意其中 Y 方向与水平线成 45° 倾斜。为了方便计算，在量 Y 坐标时，不要缩短，然后按投影反方向画线，3 条直线相交于空间 B 点。图中更清楚地看出，B（30，20，40）点距 W 面 30，距 V 面 20，距 H 面 40。

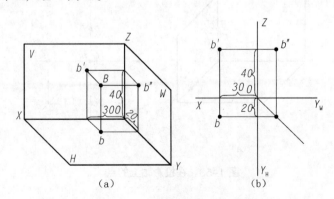

图 1-50 已知点的坐标求点投影
（a）立体图；（b）投影图

已知点的两个投影，根据等量关系可以求出第三个投影，如图 1-51 所示。注意 $Y_W Y_H$ 之间的过渡线必须是 45° 斜线。从中可以看出，空间任何一点的 3 个投影都符合"长对正、高平齐、深相等"的规律。

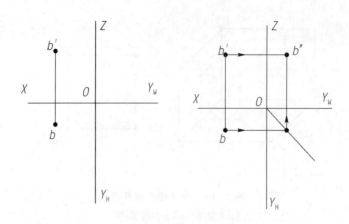

图 1-51 已知点的两个投影求第三个投影

(2) 特殊位置的点。

① 投影面上的点：在图 1-52 中，点 F 在 V 面上，距 V 面的距离为 0，所以它的水平投影 f 在 X 轴上，侧面投影 f″ 在 Z 轴上，正面投影 f′ 和点 F 重合。M 点和 G 点大家可以根据上面的方法自己分析。

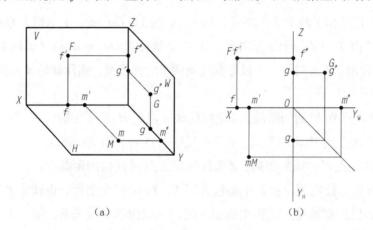

(a)　　　　　　　　(b)

图 1-52 在投影面上的点

② 投影轴上的点：在图 1-53 中，点 A 在 X 轴上，所以它的正面投影 a′ 和水平投影 a 重合在 X 轴上点 A 处，侧面投影 a″ 与原点 O 重合。B 点和 C 点可根据方法酌情分析。

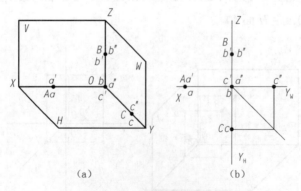

(a)　　　　　　　　(b)

图 1-53 在投影轴上的点

(3) 空间两点的相对位置。空间两点的相对位置，是以其中某一点为基准，判别另一点的前后、左右和上下的位置。如图 1-54 所示，若以 B 点为基准，则由图 1-54 (b) 可知 A 点距 H 面的距离比 B 点高 9mm (A 点在 B 点的上方)；A 点距 V 面的距离比 B 点近 6 mm (A 点在 B 点的后面)；A 点距 W 面的距离比 B 点近 10 mm (A 点在 B 点的右方)。图 1-54 (a) 为其立体图。

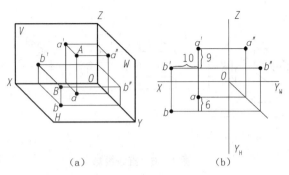

图 1-54 两点的相对位置
（a）立体图；（b）投影图

（4）重影点及其可见性。当空间两点位于某一投影面的同一投影线上时，则此两点在该投影面上的投影重合。此重合的投影称为重影点。

如图 1-55 所示，A、B 两点在同一条垂直于 H 面的投影线上，这时称 A 点在 B 点的正上方，两者在 H 面上的投影为重影点。但两点在其他面上的投影不重合。

至于 a、b 两点的可见性可从图 1-55（b）所示的 V 面投影（或 W 面投影）进行判别。因为 a' 点高于 b' 点（或 a″ 点高于 b″），即 A 点在 B 点的正上方，故 a 点可见，b 点不可见。为了便于区分，凡不可见的投影其字母加括号表示。

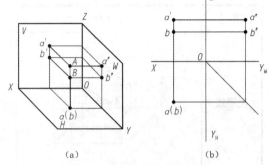

图 1-55 重影点及其可见性
（a）立体图；（b）投影图

2. 直线的投影

直线的投影一般情况下还是直线。画直线的投影可以先画出直线两端点的各个投影，然后用直线连接各同名投影即可。在立体图中直线的投影则是指棱线（两个面的交线）的投影。直线相对于投影面可以有各种不同的位置关系。如平行关系、垂直关系和一般位置关系，其中平行关系和垂直关系又因相对的投影面不同而产生不同位置的平行线和垂直线。

（1）投影面平行线。在三投影面的体系中，平行于一个投影面而对其他两个投影面倾斜的直线，称为投影面平行线，简称平行线。其共有 3 种：

正平线——平行于正面 V，与 H 面、W 面倾斜的直线；

水平线——平行于水平面 H，与 V 面、W 面倾斜的直线；

侧平线——平行于侧面 W，与 V 面、H 面倾斜的直线。

图 1-56 所示的立体，我们取其中一条棱线 AB 加以分析，从 AB 在该立体上的 3 个投影看，AB 两点到 V 面的距离即 Y 坐标相等，在投影图上其水平投影 ab 就与 X 轴平行，即平行于 V 面。由于平行于正面，其正面投影将反映实长，而且反映该直线与 H 面的倾角 α、与 W 面的倾角 γ。简言之，正平线 AB 的投影特性是：

$a'b' = AB$；

$ab \parallel X$ 轴，$a''b'' \parallel Z$ 轴；

$a'b'$ 反映倾角 α 和 γ。

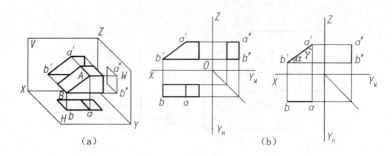

图 1-56 直线投影
（a）立体图；（b）投影图

水平线、侧平线有类似的投影特性。投影面平行线的投影特性见表 1-7。

表 1-7 投影面平行线的投影特性

类别	立体图	投影图	投影特性
正平线			① $a'b'$ 倾斜于投影轴，反映实长和真实倾角 α、γ ② ab//X 轴，$a''b''$//Z 轴，长度缩短
水平线			① $a'b'$ 倾斜于投影轴，反映实长和真实倾角 β、γ ② $a'b'$//X 轴，$a''b''$//Y_W 轴，长度缩短
侧平线			① $a''b''$ 倾斜于投影轴，反映实长和真实倾角 β、α ② $a'b'$//Z 轴，ab//Y_W 轴，长度缩短

（2）投影面垂直线。在三面投影的体系中，垂直于一个投影面的直线称为投影面垂直线，简称垂线。其也有 3 种：

正垂线——垂直于正面 V，与 H 面、W 面平行的直线；

铅垂线——垂直于水平面 H，与 V 面、W 面平行的直线；

侧垂线——垂直于侧面 W，与 V 面、H 面平行的直线。

以正垂线为例，如图 1-57 所示。我们取物体上垂直于正面的直线 AC 来分析。根据正投影的特性，正垂线由于垂直于正面，那么正面投影必积聚成一个点，而水平投影和侧面投影分别垂直于 X 轴和 Z 轴，也就必须平行于水平面和侧面，因此其水平投影和侧面投影都反映直线实长。简言之，正垂线的投影特性是：

$a'c'$ 积聚成一点；

$ac \perp X$ 轴，$ac=AC$；

$a''c'' \perp Z$ 轴，$a''c''=AC$。

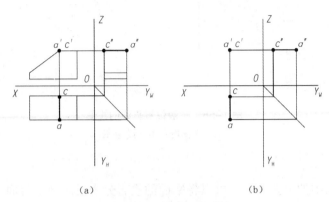

图 1-57 投影面垂直线

铅垂线和侧垂线也有类似的投影特性。投影面垂直线的投影特性见表 1-8。

表 1-8 投影面垂直线的投影特性

名称	立体图	投影图	投影特性
正垂线			① $a'(b')$ 积聚为一点 ② $a''b''//Y_W$ 轴，$ab//Y_H$ 轴，都反映实长
铅垂线			① $a(b)$ 积聚为一点 ② $a'b''//Z$ 轴，$a''b''//Z$ 轴，都反映实长
侧垂线			① $a''(b'')$ 积聚为一点 ② $ab//X$ 轴，$a'b'//X$ 轴，都反映实长

（3）一般位置直线。与 V、H、W 三个投影面都倾斜的直线称为一般位置直线，如图 1-58 所示。

从图 1-58 可以看出一般位置直线的投影特性：在三个投影面上的投影都倾斜于投影轴，线段长度缩短；三个投影与投影轴的夹角，都不反映直线对投影面的真实倾角。

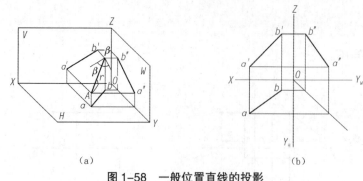

图 1-58 一般位置直线的投影
（a）立体图；（b）投影图

3. 平面的投影

按平面在三投影体系中的位置关系，可以将平面的投影分为投影面平行面、投影面垂直面和一般位置平面 3 种类型，其前两种又因相对每个投影面的位置不同产生不同的平行面和垂直面。

（1）投影面平行面。在三投影面的体系中，平行于某一投影面的平面称为投影面平行面，简称平行面。平行面有以下 3 种：

正平面——平行于正面 V 的平面；

水平面——平行于水平面 H 的平面；

侧平面——平行于侧平面 W 的平面。

平行面的投影特性为：平行的投影面上反映平面的实际形状。平行于一个投影面，必然垂直于其他两个投影面，所以另外两个投影都积聚成直线，并且分别平行于相应的投影轴。

以正平面为例，如图 1-59 中的立体上有一个表面 P 平行于 V 面，因此该平面在 V 面上的投影就反映实形，其水平投影和侧面投影，分别是平行 X 轴和 Z 轴的积聚性直线。简言之，正平面 P 的投影特性是：

$p' = P$，反映实形；

p 积聚成直线，$p // X$ 轴；

p'' 积聚成直线，$p'' // Z$ 轴（见图 1-60）。

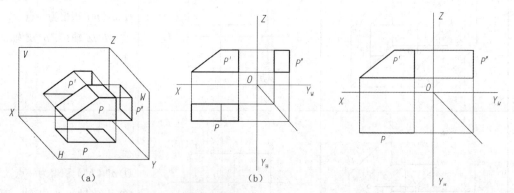

图 1-59 立体上某一正平面的投影
（a）立体图；（b）投影图

图 1-60 投影面平行面的投影

水平面、侧平面都有相似的投影特性。平面的投影特点见表 1-9。

表 1-9 平面的投影特性

类别	空间位置直观图	投影图	投影特性
正平面			1. $p'=P$，反映实形 2. p 积聚成直线，p // X 轴 3. p'' 积聚成直线，p'' // Z 轴
水平面			1. $q=Q$，反映实形 2. q' 积聚成直线，q' // X 轴 3. q'' 积聚成直线，q'' // Y_W 轴
侧平面			1. $r''=R$，反映实形 2. r' 积聚成直线，r' // Z 轴 3. r 积聚成直线，r // Y_H 轴

（2）投影面垂直面。在三投影体系中，垂直于某一投影面的平面称为投影画垂直面，简称垂直面。垂直面也有 3 种情况：

正垂面——垂直于正面 V 的平面；

铅垂面——垂直于水平面 H 的平面；

侧垂面——垂直于侧面 W 的平面。

垂直面的投影特性为：垂直的投影面上，投影积聚成一条直线。由于与另外两个投影面倾斜，所以这两个投影不反映实形，但形状相似。

现以正垂面为例进行分析，图 1-61 中的 P 面是正垂面，所以在 V 面上积聚成一条线，并且反映 P 平面与 H 面的倾角 α，与 W 面的倾角 γ。水平投影与侧面投影均不反映实形，但形状相似。

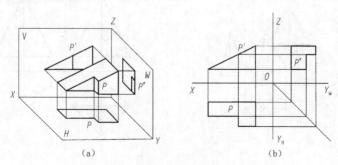

图 1-61 立体上某一垂直面的投影
(a) 立体图；(b) 投影图

简言之，正垂面的投影特性是：

p'积累成直线，反映 α、γ 角；p、p'' 均为相似图形，都不反映实形。

另外，如铅垂面、侧垂面都具有类似的投影特性。投影面垂直面的投影特性见表 1–10。

表 1–10　投影面垂直面的投影特性

类别	空间位置直观图	投影图	投影特性
正垂面			1. p' 积聚成直线，反映 α、γ 角 2. p、p'' 为形状相似的两个图形
铅垂面			1. q 积聚成直线，反映 β、γ 角 2. q'、q'' 为形状相似的两个图形
侧垂面			1. r'' 积聚成直线，反映 α、β 角 2. r'、r 为形状相似的两个图形

（3）一般位置平面。与 3 个投影面既不平行也不垂直的平面为一般位置平面。所以，一般位置平面相对 3 个投影面都倾斜。图 1–62 中四棱锥表面 *SAB* 就是一个例子。

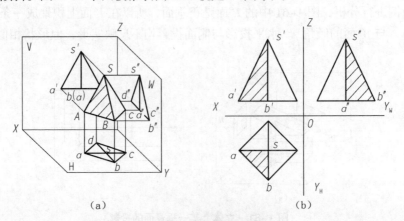

图 1–62　一般位置平面的投影
（a）立体图；（b）投影图

从图 1-62 上可以看出，一般位置平面的三个投影都是平面图形，而且没有一个平面图形反映平面的实形，也不反映与投影面的倾角。但三个图形形状相似，SAB 是三角形，三个投影也是三角形。

画一般位置平面的投影，可先画出各点的投影，连成直线，再用线连成面，然后画出平面图形的投影。

1.3.2 三视图画法（含尺寸标注）

1.3.2.1 基本立体的三视图及其表面取点

一般物体都是由若干基本立体组成的，绘制物体的三视图，实际就是绘制这些基本立体的三视图。熟练掌握基本立体的三视图，是提高空间想象能力和用三视图表达物体的重要基础。

1. 棱柱

如图 1-63 所示，棱柱的表面都是平面，正五棱柱的顶面和底面为两个相等的正五边形，且均为水平面，其水平投影重合且反映实形，正面和侧面投影积聚为一直线段。正五棱柱有五个侧棱面，后棱面为正平面，其正面投影反映实形，水平面和侧面投影重影为一直线；棱柱的其余四个侧棱面为铅垂的矩形，其水平投影分别重影为直线段，正面和侧面投影均为类似形。

根据定点先定线的原则，作棱柱的表面上的点，若点所在平面的投影可见，点的投影也可见；若点所在的平面投影积聚成直线，则点的投影也在该直线上。

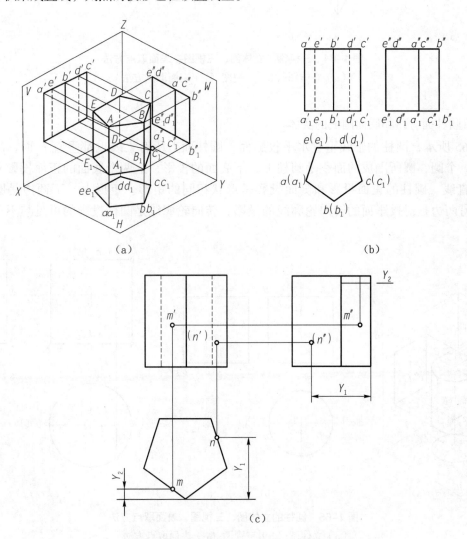

图 1-63　五棱柱的立体图、三视图、表面取点方法
（a）立体图；（b）三视图；（c）表面取点方法

2. 棱锥

如图 1-64 所示，正三棱锥的锥顶为 S，棱锥底面为正三角形 ABC，且平行于 H 面，其水平投影三角形 abc 反映实形，正面投影和侧面投影分别积聚为直线段。棱面 SAC 与侧面垂直，其侧面投影积聚为一直线段，水平投影和正面投影仍为三角形。棱面 SAB 和 SBC 均为一般位置平面，它们的三面投影均为三角形。棱线 SB 与侧面平行，SA、SC 为一般位置直线；底棱 AC 与侧面垂直，AB、BC 为水平线。

棱锥表面上取点的方法与在平面上取点的方法相同。

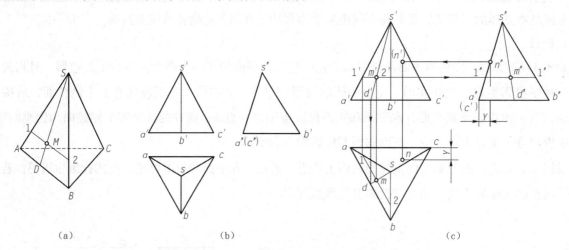

图 1-64　三棱锥的立体图、三视图、表面取点方法
（a）立体图；（b）三视图；（c）表面取点方法

3. 圆柱

圆柱是由圆柱面、顶和底面围成的实体。

如图 1-65 所示，圆柱的轴线垂直水平投影面，圆柱面上所有素线也都垂直 H 面，故圆柱的水平投影积累成一个圆，圆所围成的面积是圆柱上、下底面的投影，这两个底面的正面投影和侧面投影各积聚为一段直线。圆柱的正面投影和侧面投影是形状相同的矩形。矩形上、下两边是圆柱上、下底圆的投影。另两边是对投影面的转向轮廓线的投影，转向轮廓线是圆柱投影的可见与不可见部分的外界线。

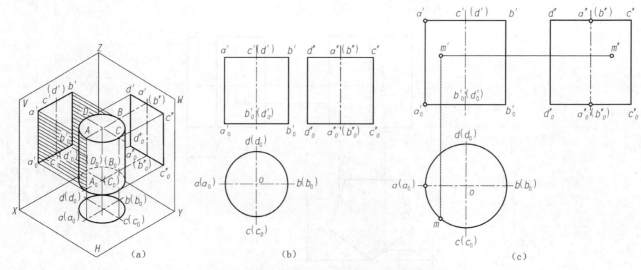

图 1-65　圆柱的立体图、三视图、表面取点方法
（a）立体图；（b）三视图；（c）表面取点方法

圆柱表面上点 M 的正面投影 m' 是可见的，因此点 M 必定在圆柱的前面。其水平投影 m 在圆柱具有积聚性的水平投影面的前半个圆周上。根据点的投影特性，可由 m' 和 m 求出 m''。

4. 圆锥

圆锥是由圆锥面和底面围成的实体。

圆锥的轴线垂直于水平投影面，圆锥水平投影为一圆，此圆既是整个圆锥面的水平投影，也是圆锥底面的投影。圆锥的正面投影和侧面投影是相同等腰三角形。等腰三角形的底是圆锥底圆的投影，三角形的两个腰是对投影面的转向轮廓线的投影，转向轮廓线是圆锥面可见与不可见部分的外界线。

圆锥的三个投影均无积聚性，故不能直接确定点的其他投影。根据定点先定线的原则，通过作辅助线的方法求点的投影。作辅助线的方法有两种，即辅助线法和辅助圆法。圆锥的立体图、三视图、表面取点方法如图 1-66 所示。

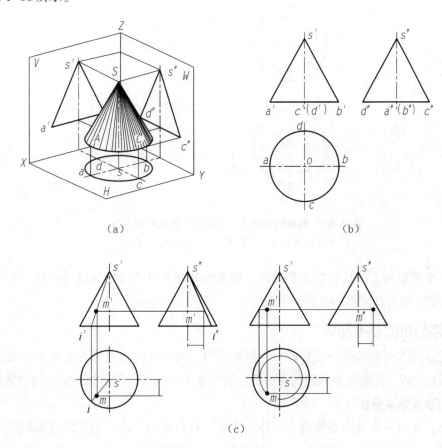

图 1-66　圆锥的立体图、三视图、表面取点方法
（a）立体图；（b）三视图；（c）表面取点方法

5. 圆球

圆球是球面围成的球体。

如图 1-67 所示，圆球的三个投影都是直径相等的圆，它们分别是球面上与投影面平行的转向轮廓线的投影，同时也是球面上可见和不可见的分界线。

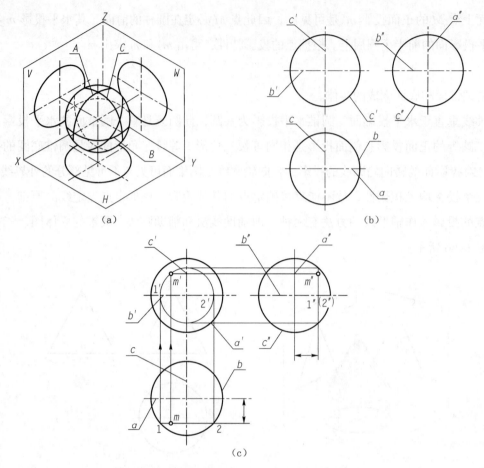

图 1-67 圆球的立体图、三视图、表面取点方法
（a）立体图；（b）三视图；（c）表面取点方法

由于圆球在三个投影面上的投影均无积聚性，所以作球面上点的投影要通过在球面上作平行于投影面的辅助线（即纬圆）的方法求点的投影。

1.3.2.2 形体分析的基本知识

看图和画图是学习本课程的两个重要环节，画图是将空间形体按正投影方法表达在图纸上，是一种从空间到平面的表达过程。而看图是画图的逆过程。看图要求根据平面图形想象出空间形体的结构形状。

1. 将几个视图联系起来分析

在一般情况下，仅由一个视图不能确定形体的形状，只有将两个以上的视图联系起来分析，才能弄清形体的形状。图 1-68 所示的一组视图中，主视图都相同，但联系俯视图与左视图分析，则可确定是三个不同形状的形体。因此，看图时只有将几个视图联系起来进行分析、构思，才能准确地确定形体的空间形状。

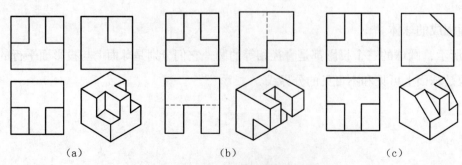

图 1-68 将几个视图联系起来看

2. 要善于捕捉特征视图

捕捉特征视图就是要找出最能反映物体形状特征或位置特征的那个视图，从而建立组合体的主要形象。一般情况下，主视图往往是特征视图。图1-69的主视图就是形状特征视图，左视图是位置特征视图。

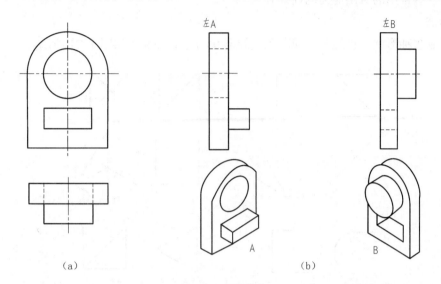

图 1-69 特征视图
（a）立体图；（b）左视图

3. 理解视图中图线和线框的含义

（1）视图中图线的含义。

① 一条直线或曲线可以表示平面或曲面的积聚性投影，例如，图1-70（b）中1表示侧平面的积聚性投影，图1-70（c）中2表示铅垂的圆柱面投影。

② 直线也可以表示曲面转向轮廓线的投影。例如，图1-70（c）中3表示肋板和圆柱面的交线。

③ 直线还可以表示曲面转向轮廓线的投影。例如，图1-70（c）中4表示圆柱面的转向轮廓线。

（2）视图中线框的含义。线框是指图上由图线围成的封闭图形，在看图过程中，必须理解线框的含义。

① 一个封闭的线框表示形体的一个表面（平面或曲面）。例如，图1-70（a）主视图中的b'封闭线框表示形体的前平面的投影。

② 相邻的两个封闭线框，表示形体上位置不同的两个面。例如，图1-70（a）主视图中的相邻两个线框a'和b'在俯视图中可见，表示一前一后两个平面的投影。

③ 封闭线框内所包含的各个不同的小线框，表示在立体上凸出或凹下的各个小立体。例如，图1-70（c）俯视图中的大线框表示带有圆角的底板，中间两组相接的框表示在底板上叠加一个空心圆柱和一肋板。

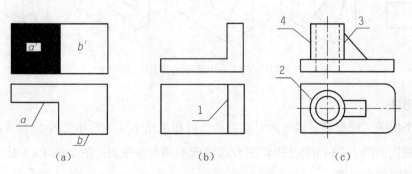

图 1-70 理解图线和线框的含义

1.3.2.3 看图构思的训练方法

学会积极地构思和联想是提高看图能力的一条重要途径。看图的构思和联想要通过一些基本方法来训练，下面介绍一些常用的看图能力的训练方法。

1. 弯丝构形法

利用铁丝弯成多种形状，训练其三视图和空间形状的对应关系，如图1-71所示。

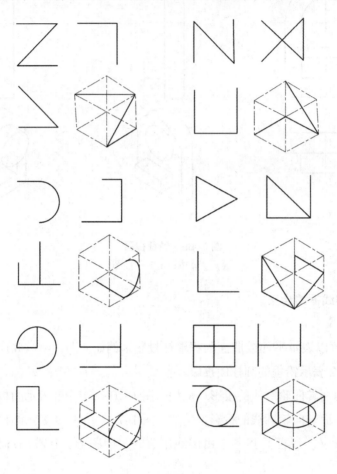

图1-71 弯丝构形法

2. 一个视图构形法

通过改变一个视图上相邻封闭线框所表示面的位置及形状（应与投影相符），可构思出不同的形体，如图1-72所示。

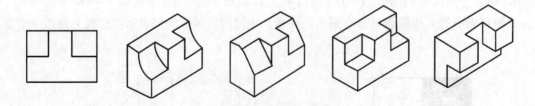

图1-72 一个视图构形法

3. 两个视图构形法

已知形体的两个视图，根据第三视图的对应关系，可构思出不同的形体。图1-73（a）所示是按叠加方式构成不同的左视图；图1-73（b）是按切割方式构成不同的左视图；图1-73（c）是已知俯、左视图，按综合方式构思出不同的主视图。

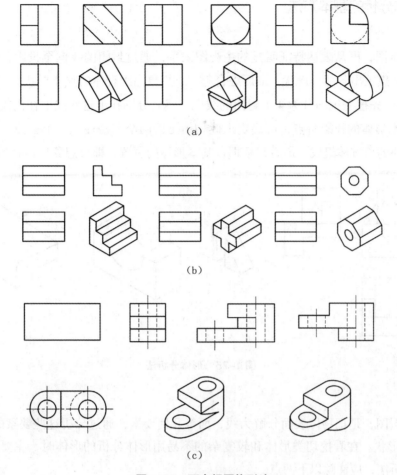

图 1-73 两个视图构形法
（a）叠加构形；（b）切割构形；（c）综合构形

4. 互补立体构形法

根据已知的形体，构想出与之吻合并且可互补构成长方体或圆柱体等基本形体的另一形体，如图 1-74 所示。

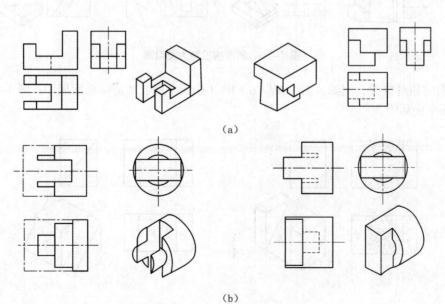

图 1-74 互补构形法
（a）长方体互补；（b）圆柱体互补

1.3.2.4 形体分析的基本方法

1. 形体分析法

用形体分析法看图,即从表达特征明显的主视图入手,通过封闭的线框至投影,将组合体分解为若干个基本形体,逐个想象出各部分形状,最后综合起来,想象出组合体的整体形状。

如图 1-75 所示,先把主视图分为 4 个封闭的线框,然后分别找出这些线框在俯视图及左视图中的相对投影。根据各基本形体的投影特点,可确定出此物体是由两个三棱柱、一个去掉了半个圆柱体的长方体和一个被切掉一块的长方体组成。最后,根据各基本形体的位置,即可想象出该物体的总体形状。

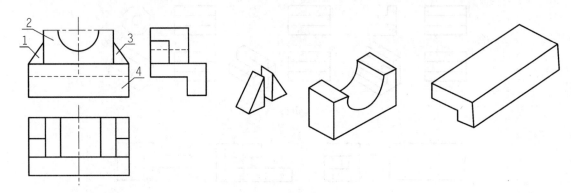

图 1-75 形体分析法

2. 线面分析法

用线面分析法看图,是把物体表面分解为线、面等几何要素,通过分析这些要素的空间位置、形状,从而想象出物体的形状。在看挖切类形体和较复杂的不易用形体分析的形体时,主要运用线面分析法来分析。运用线面分析法,应注意以下两点。

(1)分析面的形状。例如,图 1-76 中斜面的投影为类似形。

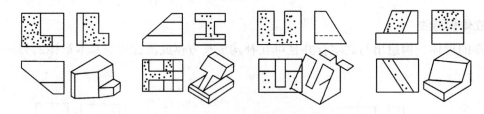

图 1-76 斜面的投影为类似形

(2)分析面的相对位置,例如,图 1-77(a)中 A 是正平面,B 是侧垂面居中;图 1-77(b)中 A 是侧垂面,B 是正平面居中。

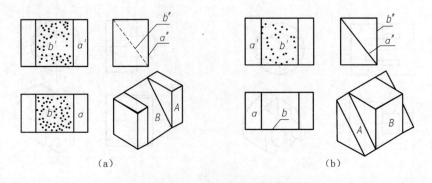

(a)　　　　　　　　　　　(b)

图 1-77 分析面的相对位置

形体分析时,从图 1-78 的二视图可见,该形体的形状特征明显,而各个面的位置特征不明显。若能确定各面的空间位置，则不难想象该形体的空间形状。因此，采用线面分析法时，将主视图分成三个封闭线框，它表示三个不同的面，逐一分析每个表面的形状和位置，最后想象整体形状，其具体解题步骤如图 1-79 所示。

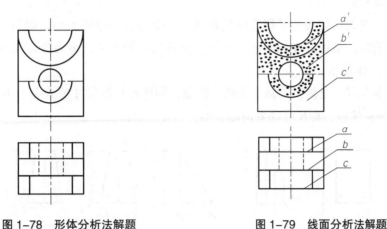

图 1-78　形体分析法解题　　　　图 1-79　线面分析法解题

1.3.2.5　形体分析的一般步骤

（1）概括了解视图与尺寸，由此初步了解物体的大概形状和大小，从主视图入手，用形体分析法分析它由哪几个基本形体组成，或用线面分析法分析各个面的形状和位置。

（2）形体分析或线面分析。对物体各组成部分的形状和线面位置逐个进行分析。图 1-80 所示为线面分析法的看图过程。

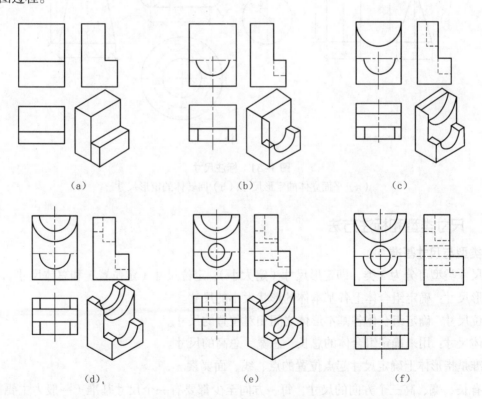

图 1-80　线面分析法的看图过程
（a）分析外轮廓；(b）分析前层半圆槽；(c）分析中层半圆槽
（d）分析后层半圆槽；(e）分析中层与后层通孔；(f）加深

（3）综合想象。通过形体分析和线面分析，了解各组成部分的形状和位置、各组成部分的相互关系及产生的交线，从而想象出整个物体的形状。

（4）画出左视图。形体分析要领可概括成 3 句话：①分线框，对投影；②按投影，定形体；③想细部，出整体。

1.3.2.6 标注尺寸

画出组合体的三视图，仅表达了组合体的形状，而要表示形体的大小，则不但需要标注出尺寸，而且必须标注完整、清晰。掌握好在组合体三视图上标注尺寸的方法，可为今后在零件图上标注尺寸打下良好的基础。如图 1-81 所示。

尺寸标注的基本要求：完整、正确、清晰。完整，即所标注的尺寸要齐全，不遗漏、不重复；正确，即标注符合国家标准；清晰，即尺寸布置清晰、整齐，便于看图。

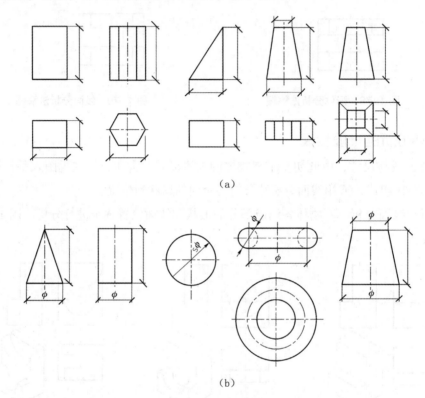

图 1-81 标注尺寸
（a）平面立体的定形尺寸；（b）回转体的定形尺寸

1.3.2.7 尺寸类型和标注方法

1. 尺寸类型与尺寸基准

组合体尺寸类型可分为 3 类，即定形尺寸（定大小）、定位尺寸（定位置）和总体尺寸。

（1）定形尺寸：确定组合体上各基本体的形状大小的尺寸。

（2）定位尺寸：确定组合体各基本形体之间相对位置的尺寸。

（3）总体尺寸：用来确定组合体的总长、总宽、总高的尺寸。

尺寸基准是指形体上确定尺寸起点位置的点、线、面要素。

组合体有长、宽、高三个方向的尺寸，每一方向至少都要有一个尺寸基准（一般为主要基准），以便确定各形体间的相对位置。对比较复杂的组合体，有时要增加一个或多个辅助基准。这时，在主要基准与辅助基准之间，必须有一个定位尺寸。

一般可选组合体的对称面、底面、重要端面及主要回转体的轴线等作为尺寸基准。

2. 标注方法

尺寸标注方法仍是按形体分析法进行，即首先将组合体分解成若干个基本形体，逐个标注出各基本体大小的定形尺寸;其次,标注组合体各基本形体之间相对位置的定位尺寸。而要确定相对位置尺寸,必须先确定尺寸基准。标注了总体尺寸后,为了避免产生多余和重复尺寸,有时就要对已标注的定形尺寸和定位尺寸作适当的调整。

3. 组合体尺寸的标注步骤

以上分析可见,组合体尺寸标注的分析方法仍是用形体分析法,其标注步骤如下:

(1)对组合体进行形体分析,了解各基本体的形状与大小。
(2)逐个标注各基本体的定形尺寸。
(3)选定尺寸基准。
(4)标注定位尺寸,确定基本形体之间的相互位置关系。
(5)标注总体尺寸。
(6)校核。

图1-82所示为拱门尺寸标注。

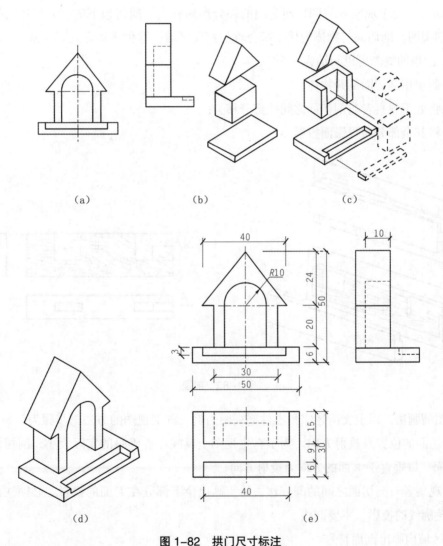

图1-82 拱门尺寸标注
(a)给题;(b)分解为两部分;(c)挖切;(d)整体形象;(e)标注尺寸

4. 尺寸标注应注意的问题

(1)标注尺寸在正确、完整的前提下应力求布置清晰、整齐。
(2)尺寸尽量标注在反映形体特征明显的视图上。
(3)基本体的定形尺寸和定位尺寸应尽量标在同一视图上。

（4）尺寸应尽量标注在两视图之间，并标注在视图的外部，以免尺寸线、尺寸界线与视图的轮廓线相交。

（5）半径尺寸尽量标注在投影为非圆的视图上，而圆弧的半径应标注在圆弧的视图上。

（6）尺寸尽量不标注在虚线上。

（7）尺寸排列要整齐。串列尺寸应尽量注在一条线上；并列尺寸要求小尺寸在里，大尺寸在外。

（8）对称的定位尺寸应以尺寸基准对称面为对称直接标注，不应在尺寸基准两边分别标注。

1.3.2.8 图样表达方式

1. 剖视

当产品（或零件）的内部形状比较复杂时，基本视图中表示内部形状的虚线会给看图和标注尺寸带来不便。为了将内部结构直接展现出来，我们通常采用剖视的表达方式。

（1）剖视的概念。为了表达家具零件中榫眼的形状，假想用一个平面沿零件的对称面将其剖开，这个平面为剖切面。将处于观察者与剖切面之间的部分形体移去，而将余下的部分形体向投影面投射，所得的图形称为剖视图。剖切面与物体的接触部分称为剖面区域。这种表达方式即为剖视，如图1-83所示。

综上所述，剖视的概念可以归纳为3个字：

"剖"——假想用剖切面剖开物体；

"移"——将处于观察者与剖切面之间的部分移去；

"视"——将其余部分向投影面投射。

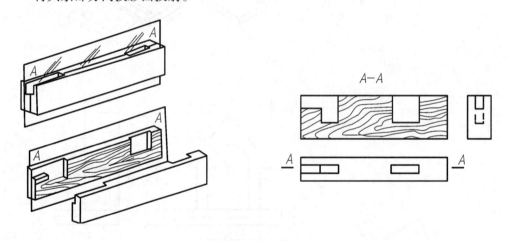

图1-83 剖视

（2）剖视图的画法。以上文所述家具零件剖视图为例，画剖视图的方法与步骤为：

① 确定剖切面的位置及投射方向。为了在主视图上反映零件榫眼的实际大小，剖切面应通过榫眼轴线并平行于V面，以垂直于V面的方向为投射方向。

② 将处于观察者与剖切面之间的部分移去后，画出余下部分在V面的投影。必须注意剖切面以后部分的所有可见轮廓线的投影，不要漏线。

③ 在剖面区域内画出剖面符号。

剖视图又分全剖视图（见图1-84、图1-85）、半剖视图（见图1-85、图1-86）、局部剖视图（见图1-87）、阶梯剖视图（见图1-88）和旋转剖视图（见图1-89）。

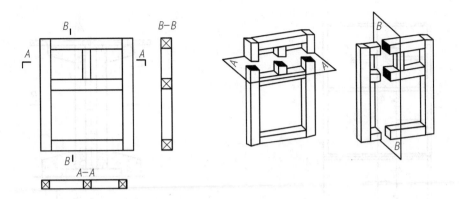

图 1-84 框架的全剖视图

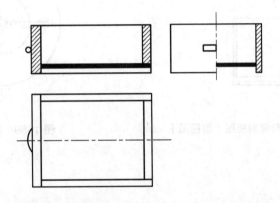

图 1-85 抽屉全剖视图（主视图）与半剖视图（左视图）

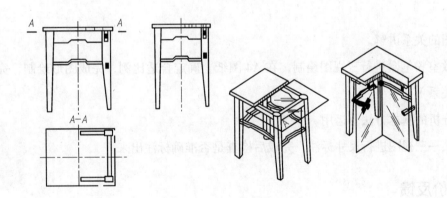

图 1-86 方凳的半剖视图

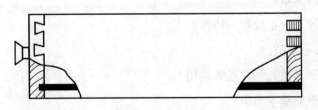

图 1-87 抽屉局部剖视图

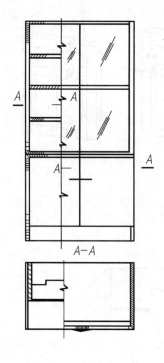

图 1-88 阶梯剖视图（俯视图）

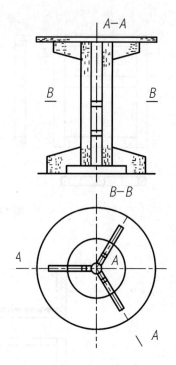

图 1-89 旋转剖视图

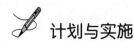 计划与实施

（1）选用某一物体（正方体、长方体）进行分析（从光与影的角度），讲解形成阴影、投影的种类，形象描述。

（2）影与图的关系讲解。

（3）选用教室粉笔盒进行三视图绘制，在 A4 图纸上确定合适比例，完成图形绘制，完成后检查是否规范（三等量关系）。

（4）形体分析的基本方法及运用。

（5）指定某一三视图进行尺寸标注，完成后检查是否准确标注出来。

评价反馈

1. 自我评价

（1）是否熟悉光与影的关系？ □是 □否

（2）是否熟悉投影的种类、正投影的特性？ □是 □否

（3）是否熟悉三视图的形成？ □是 □否

（4）是否掌握三视图三等量关系并熟练运用？ □是 □否

（5）是否熟悉形体分析的基本知识？ □是 □否

（6）是否熟练掌握形体分析的基本方法及运用？ □是 □否

（7）是否熟练掌握尺寸标注的基本要求？ □是 □否

（8）是否熟练掌握尺寸标注类型和标注方法？ □是 □否

（9）是否熟悉尺寸标注应注意的问题？ □是 □否

2. 小组评价

（1）是否熟悉光与影的关系？　　　　　　　　　　　　　　　　　□是　□否
（2）是否熟悉投影的种类、正投影的特性？　　　　　　　　　　　　□是　□否
（3）是否掌握三视图三等量关系并熟练运用？　　　　　　　　　　　□是　□否
（4）是否熟悉形体分析的基本知识？　　　　　　　　　　　　　　　□是　□否
（5）是否能够独立进行形体分析并运用？　　　　　　　　　　　　　□是　□否
（6）是否熟悉尺寸标注的基本要求？　　　　　　　　　　　　　　　□是　□否
（7）是否掌握尺寸标注类型和标注方法？　　　　　　　　　　　　　□是　□否

参评人员（签名）：＿＿＿＿＿＿＿＿

3. 教师评价

教师总体评价：

参评人员（签名）：＿＿＿＿＿＿＿＿　　年　月　日

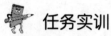
任务实训

（1）收集正投影的特性进行制图，并思考如何运用其特性。
（2）绘制三视图（教师指定）。
（3）形体分析的基本方法及运用（补全三视图、由三视图想象立体等）。
（4）三视图进行尺寸标注。

作业

（1）投影法的种类有哪些？各有哪些特性？
（2）运用 A4 图纸抄绘教材图 1-28。
（3）抄绘教材图 1-82、图 1-83。
（4）教师给定立体，指导学生完成三视图绘制（比例根据实际确定）。
（5）在 A4 图纸上独立完成教师给定立体的三视图，并完整地标注尺寸。

模块 2
轴测图作图

学习任务 2.1　轴测图的基本知识

学习目标

掌握轴测图的形成；掌握轴测图的基本参数。

应知理论

轴测图的特性与分类。

应会技能

轴测图作图原则。

2.1.1　轴测图的形成

在实际工程中，为了准确地表达建筑形体的形状和大小，通常采用的是前面所介绍的三面正投影图。三面正投影图作图简便、度量性好，但是缺乏立体感、直观性差，未经过专门训练的人很难看懂。为了更好地理解三面正投影图，在工程中常使用轴测图作为辅助图样。轴测图是一种单面投影图，可以在一个投影面上同时反映形体的三维尺度，立体感强，图示更加形象、逼真。但是，轴测图作图复杂，并且度量性差，很难准确反映形体的真实大小，一般只作为辅助性图样。正投影图和轴测图的比较如图 2-1 所示。

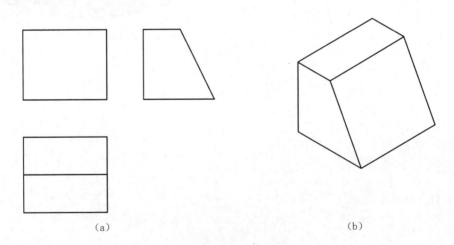

图 2-1　正投影图和轴测图的比较
（a）正投影图；（b）轴测图

2.1.1.1　轴测图的形成过程

将形体连同确定它空间位置的直角坐标系一起，用平行投影法，沿不平行任意坐标面的方向（投影方向 S）投射到投影面 P 上，所得到的投影称为轴测投影。用这种方法画出的图称为轴测投影图，简称轴测图。其中，投影方向 S 为投射方向。投影面 P 为轴测投影面，形体上的原坐标轴 X 轴、Y 轴、Z 轴在轴测投影面 P 的投影为 X_1、Y_1、Z_1。图 2-2 所示为轴测图的形成过程。

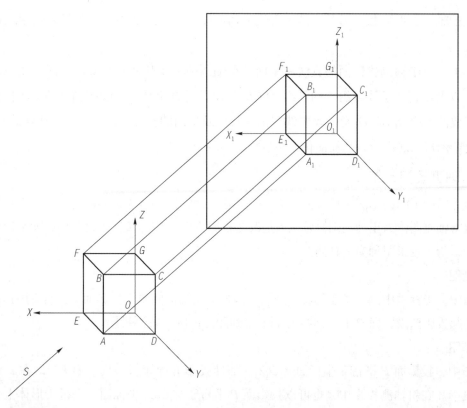

图 2-2 轴测图的形成

2.1.1.2 轴测图的基本参数

轴测图的基本参数主要有轴间角和轴向变形系数。

1. 轴间角

轴间角是指轴测轴之间的夹角。如图 2-2 中的 $\angle E_1O_1D_1$、$\angle E_1O_1G_1$、$\angle D_1O_1G_1$。

2. 变形系数

轴测轴上某段长度与它的实长之比，称为轴向变形系数。常用字母 p、q、r 来分别表示 X 轴、Y 轴、Z 轴的轴向变形系数，可表示如下：

X 轴的轴向变形系数 $p=O_1E_1/OE$

Y 轴的轴向变形系数 $q=O_1D_1/OD$

Z 轴的轴向变形系数 $r=O_1G_1/OG$

2.1.1.3 轴测图的特性

由于轴测图是根据平行投影原理绘制的，必然具备平行投影的一切特性，利用这些特性可以快速、准确地绘制轴测图。

1. 平行性

空间互相平行的线段，它们的轴测投影仍然互相平行。图 2-2 中，空间形体上的线段 AB 与 CD 平行，其在投影面 P 上的投影 A_1B_1、C_1D_1 仍然平行。因此，形体上与坐标轴平行的线段，其轴测投影必然平行于相应的轴测轴，且其变形系数与相应的轴向变形系数相同。但是，空间中不平行于坐标轴的线段不具备该特性。

2. 定比性

空间互相平行的两线段长度之比，等于它们的轴测投影长度之比。图 2-2 中，空间形体上两线段 AB 与 CD 之比等于其投影 A_1B_1 与 C_1D_1 之比。因此，形体上平行于坐标轴的线段，其轴测投影长度与实长之比等于相应的轴向变形系数。另外，同一直线上的两线段长度之比与其轴测投影长度之比也相等。

3. 显实性

空间形体上平行于轴测投影面的直线和平面，在轴测图上反映实长和实形。图 2-2 中，空间形体上线段 AB、CD 以及由这两条线段组成的平面 $ABCD$ 与投影面 P 相平行，则在轴测图上的投影 A_1B_1、C_1D_1 以及由它们组成的平面 $A_1B_1C_1D_1$ 分别反映线段的实长以及平面的实形。因此，可选择合适的轴测投影面，使形体上的复杂图形与之平行，从而简化作图过程。

2.1.1.4 轴测图的分类

根据投影方向的不同，轴测图可分为两类：一类是改变物体相对于投影面的位置，而投影方向仍垂直于投影面，所得轴测图称为正轴测图；另一类是改变投影方向，使其倾斜于投影面，而不改变物体对投影面的相对位置，所得投影图称为斜轴测图。

1. 正轴测图

正轴测图中，坐标系中的三根坐标轴 X_1 轴、Y_1 轴和 Z_1 轴都倾斜于投影面 P，然后用正投影法，将形体与坐标系一起投影到投影面 P 上，即在 P 面上得到此形体的正轴测投影。

2. 斜轴测图

斜轴测图中，投影面 P 平行于坐标面 $X_1O_1Z_1$，而使投影方向倾斜于投影面 P，即在 P 面上形成此形体的斜轴测投影。在斜轴测投影中，也可以投影面 P 平行于 $X_1O_1Y_1$ 坐标面，平行于形体上包含长度和宽度方向的表面。

根据轴向变形系数的不同，每类轴测图又可分为 3 类：三个轴向变形系数均相等的，称为等测轴测图；其中，只有两个轴向变形系数相等的，称为二测轴测图；三个轴向变形系数均不相等的，称为三测轴测图。

以上两种分类结合，便得到 6 种轴测图，分别简称为正等轴测图、正二轴测图、正三轴测图和斜等轴测图、斜二轴测图、斜三轴测图。工程制图中，正等轴测图和斜二轴测图使用较多，本模块只介绍这两种轴测图的画法。

2.1.1.5 绘制轴测投影时需要遵守的作图原则

（1）轴测投影属于平行投影，所以轴测投影具有平行投影的所有特性，画轴测投影时必须保持平行性和定比性。如：空间形体上互相平行的直线，其轴测投影仍互相平行；空间互相平行的或同在一直线上的两线段长度之比，在轴测投影上仍保持不变。

（2）空间形体上与坐标轴平行的直线段，其轴测投影的长度等于实际长度乘以相应轴测轴的轴向变形系数，即沿着轴的方向需按比例截取尺寸。

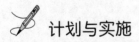

选用某一物体（正方体、长方体），进行轴测图分析，提出轴测图参数包括的内容并对形成规律进行说明。

1. 自我评价

（1）是否熟悉轴测图的形成规律？　　　　　　　　　　　　　　　　　　　　□是　□否

（2）是否熟练掌握轴测图的分类和特性？　　　　　　　　　　　　　　　　　□是　□否

2. 小组评价
（1）是否熟悉轴测图特性？　　　　　　　　　　　　　　　　　　　　□是 □否
（2）是否熟悉轴测图的分类和形成规律？　　　　　　　　　　　　　　□是 □否

参评人员（签名）：_____

3. 教师评价
教师总体评价：

参评人员（签名）：_____　　年　月　日

任务实训
收集相关轴测图进行轴测分析，提出轴测图参数及特性所包括的内容并对形成规律进行说明。

作业
（1）简述轴测图的定义及其类型。
（2）轴测图的形成规律有哪些？
（3）用 A4 图纸抄绘教材中的轴测图。

学习任务 2.2　轴测图常用画法及选择

学习目标
掌握轴测图的画法；掌握不同形状物体轴测图的基本画法。

应知理论
轴测图的分类与绘制选择原则。

应会技能
掌握正等轴测图及斜二轴测图作图方法。

2.2.1　正等轴测图画法
为了保证轴测图具有较强的立体感，P 面必须同时与三个坐标轴斜交才能在轴测图上反映出物体三个坐标面上的形象，即正等轴测图，这是轴测投影图常用画法。

1. 轴间角和轴向变形系数
在正投影中，当 $p=q=r$ 时，三个坐标轴与轴测投影面的倾斜角都相等，均为 35°16′。由几何关系可以证明，其轴间角均为120°，三个轴向变形系数：$p=q=r=\cos35°16'\approx 0.82$。

在实际画图时，为了作图方便，一般将 Z_1 轴取为铅垂位置，各轴向伸缩系数采用简化系数 $p=q=r=1$。这样，沿各轴向的长度均被放大 $1/0.82\approx 1.22$ 倍，轴测图也就比实际物体大，但对形状没有影响。表2-1给出了轴测图的特性和画法。

表2-1 轴测图的特性和画法

特性	投影线方向	投影线与轴测投影面垂直
	轴向伸缩系数	$p=q=r=0.82$
	简化轴向伸缩系数	$p=q=r=1$
	轴间角	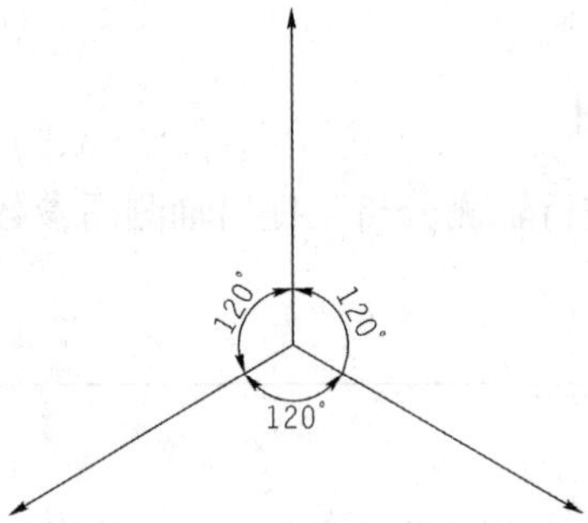 120°、120°、120°
边长为 L 的正方体的轴测图		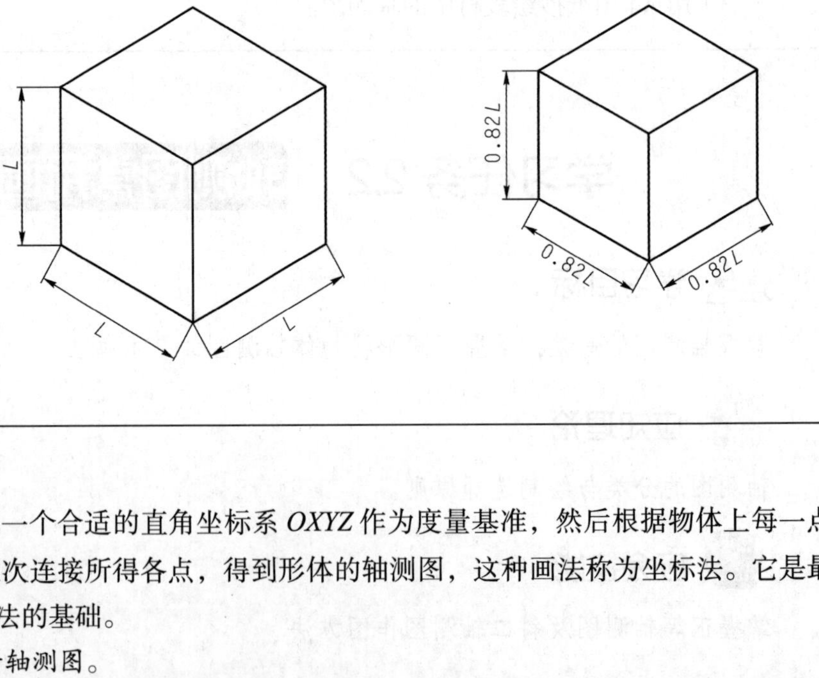

2. 平面立体的正等轴测图

（1）坐标法。先在视图上选定一个合适的直角坐标系 OXYZ 作为度量基准，然后根据物体上每一点的坐标，定出它的轴测投影，并依次连接所得各点，得到形体的轴测图，这种画法称为坐标法。它是最基本的轴测图法，也是其他各种画法的基础。

【例2-1】画出正六棱柱的正等轴测图。

如图2-3所示，首先进行形体分析，将直角坐标系原点 O 放在顶面中心位置，并确定坐标轴；再作轴测轴，并在其上采用坐标量取的方法，得到顶面各点的轴测投影；接着从顶面 C_1、D_1、B_1、E_1 点沿 Z 轴向下量取 h 高度，得到底面上的对应点；分别连接各点，用粗实线画出物体的可见轮廓，擦去不可见部分，得到六棱柱的轴测投影。

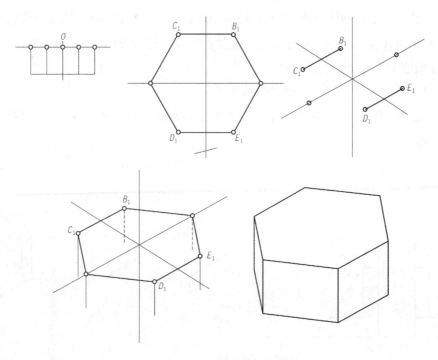

图 2-3 坐标法画正等轴测图

为了使画出的图形明显可见,通常不画出物体的不可见轮廓,上例中坐标系原点放在正六棱柱顶面有利于沿 Z 轴方向从上往下量取棱柱高度 h,避免画出多余作图线,使作图简化。

（2）切割法。切割法又称方箱法,适用于画出长方体切割而成的轴测图,它是以坐标法为基础,先用坐标法画出完整的长方体,然后按形体分析的方法逐块切去多余的部分。切割法不仅适用于长方体切割,还适用于其他基本立体图形。

【例 2-2】画出图 2-4 所示三视图的正等轴测图。

首先,根据尺寸画出完整的长方体;再使用切割法切去左上角的三棱柱、左前方的六面体;擦去作图线,描深可见部分即得到所要的正等轴测图。

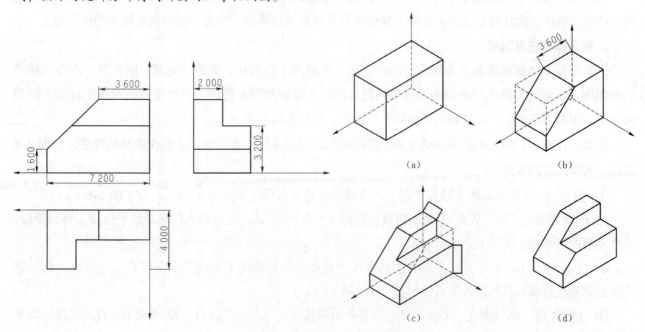

图 2-4 切割法画正等轴测图

（3）叠加法。叠加法是将物体分成几个简单的组成部分，再将各部分的轴测图按照它们之间的相对位置叠加起来，并画出各表面之间的连接关系，最终得到物体轴测图的方法。制图时要注意保持各基本体的相对位置。制图的顺序一般是先大后小。

【例2-3】画出图2-5所示的三视图的正等轴测图。

先用形体分析法将物体分解成3个部分；再分别画出各部分的轴测投影图，擦去作图线，描深后即得到物体的正等轴测图。

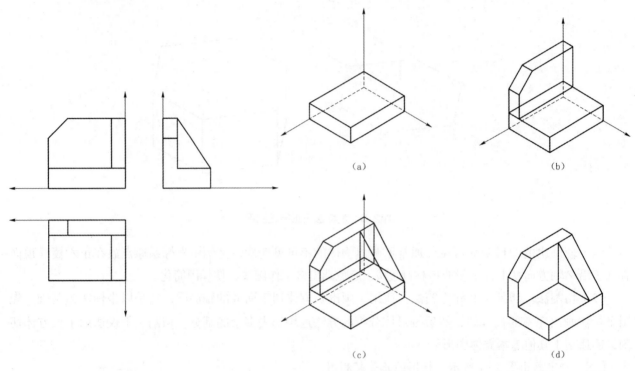

图2-5 叠加法画正等轴测图

切割法和叠加法都是根据形体分析法得来的，在绘制复杂零件的轴测图时，常常是综合在一起使用的，即根据物体的形状特征，决定物体上某些部分是用叠加法画出，而另一部分需要用切割法画出。

3. 回转体的正等测图

（1）平行于坐标面圆的正等轴测图画法。常见的回转体有圆柱、圆锥、圆球、圆台等。在作回转体的轴测图时，首先要解决圆的轴测图画法问题。圆的正等轴测图是椭圆，三个坐标面或其平行面上的圆的正等测图是大小相等、形状相同的椭圆，只是长、短轴方向不同。

在实际作图时，一般不要求准确地画出椭圆曲线，经常采用"菱形法"近似作椭圆的方法，如图2-6所示，其作图过程如下：

① 通过圆心 O 作坐标轴 X 轴和 Y 轴，再作圆的外切正方形，切点为 a、b、c、d ［图2-6（a）］。

② 作轴测轴 X_1、Y_1，从点 O_1 沿轴向量取切点 a_1、b_1、c_1、d_1，过这四点作轴测的平行线，得到菱形，并作菱形的对角线 ［图2-6（b）］。

③ 过 a_1、b_1、c_1、d_1 各点作菱形各边的垂线，在菱形的对角线上得到四个交点 O_2、O_3、O_4、O_5，这四个点就是代替椭圆弧的四段圆弧的中心 ［图2-6（c）］。

④ 分别以 O_2、O_3 为圆心，O_2a_1、O_3c_1 为半径画圆弧 a_1d_1、c_1b_1；在以 O_4、O_5 为圆心，O_4a_1、O_5b_1 为半径画圆弧 a_1c_1、b_1d_1，即得近似椭圆。

⑤ 加深四段圆弧，完成全图 ［图2-6（d）］。

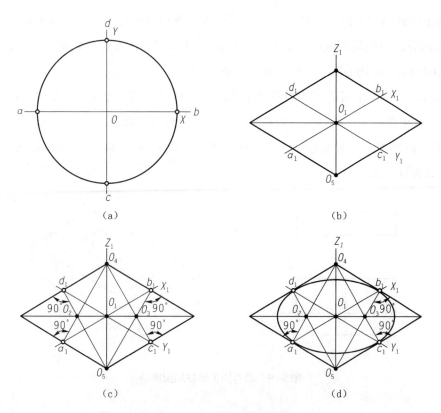

图 2-6 菱形法求近似椭圆

【例 2-4】画出图 2-7 所示圆柱的正等轴测图。

首先,在给出的视图上定出坐标轴、原点的位置,并作圆的外切正方形;然后,画轴测轴及圆外切正方形的正等轴测图的菱形,用四心圆法画顶面和底面上的椭圆;再作两椭圆的公切线;最后,擦去多余作图线,描深后即完成全图。

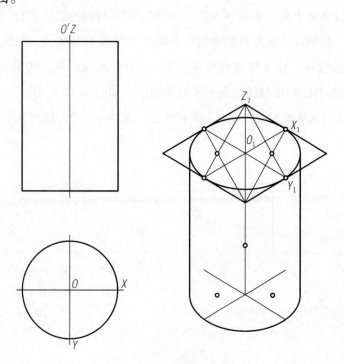

图 2-7 圆柱的正等轴测图画法

（2）圆角的正等轴测图画法。在制图中，我们经常会遇到由四分之一圆柱面形成的圆角轮廓，画图时就需先画出由四分之一圆周形成的圆弧，这些圆弧在轴测图上正好近似椭圆的四段椭圆弧中的一段。因此，这些圆角的画法可由四心圆法画椭圆演变而来。

如图2-8所示，先画出平板外形即矩形的轴测图，根据已知圆角半径R，找出平板四个椭圆的切点A_1、B_1、C_1、D_1，过切点作切线的垂线，两垂线的交点即为圆心。以此圆心到切点的距离为半径画圆弧，即得到圆角的正等轴测图。顶面画好后，采用移心法将O_1、O_2向下移动h，即得到底面两圆弧的圆心O_3、O_4。画弧后描深即完成全图。

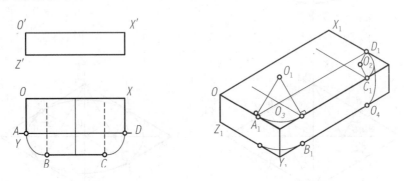

图2-8　圆角的正等轴测图画法

2.2.2　斜二轴测图画法

当投射方向S倾斜于轴测投影面P，且两个坐标轴的轴向变形系数相等时，所得到的投影图是斜二轴测投影图，简称斜二轴测图。其中，当$p=q\neq r$时，坐标面XOY平行于投影面P，得到的是水平斜二轴测图；当$p=r\neq q$时，坐标面XOZ平行于投影面P，得到的是正面斜二轴测图。

1. 斜二轴测图的轴间角和轴向变形系数

当某坐标面平行于投影面P时，根据显实性，该坐标面的两轴投影仍垂直，且两个坐标轴的轴向变形系数恒为1。作图时，水平斜二轴测图的轴间角和轴向变形系数常用值，如图2-9所示，一般取Z轴为铅垂方向，X轴和Y轴垂直，且X轴与水平线呈30°、45°或60°角，为简化作图，常取$r=1$，即有$p=q=r=1$。正面斜二轴测图的轴间角和轴向变形系数常用值，如图2-10所示，一般也取Z轴为铅垂方向，X轴和Z轴垂直，且Y轴与水平线呈45°角，为简化作图，常取$q=0.5$，即有$p=r=1$，$q=0.5$。

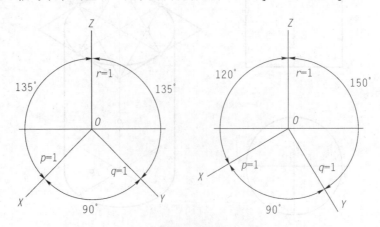

图2-9　水平斜二轴测图的轴间角和轴向变形系数

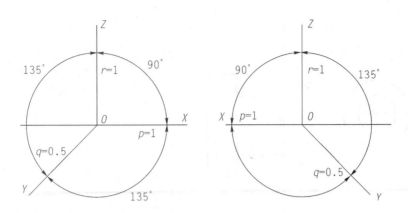

图 2-10　正面斜二轴测图的轴间角和轴向变形系数

2. 斜二轴测图投影图的画法

（1）平行于坐标面圆的斜二轴测图画法。平行于 $X_1O_1Z_1$ 面上的圆的斜二轴测投影还是圆，大小不变。平行于 $X_1O_1Y_1$ 和 $Z_1O_1Y_1$ 面上的圆的斜二轴测投影都是椭圆，且形状相同，它们的长轴与圆所在坐标面上的一根轴测轴呈 7°9′20″（可近似为 7°）的夹角。根据理论计算，椭圆长轴长度为 $1.06d$，短轴长度为 $0.33d$。由于此时椭圆作图烦琐，所以当物体的某两个方向有圆时，一般不用斜二轴测图，而采用正等轴测图。

作圆的外切正方形及对角线，得 8 个点，4 个是正方形各边的中点，4 个是对角线上的点，画出正方形的正等轴测图，为一菱形，按照定比关系作出 8 个点的轴测图，据此可连成椭圆。

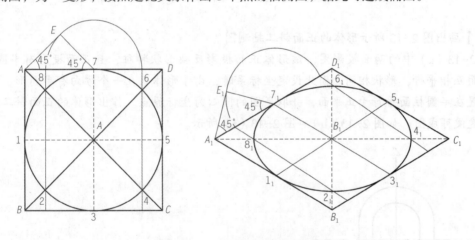

图 2-11　八点法画轴测图椭圆

【例 2-5】如图 2-12 所示，已知某形体的两面正投影图，画出其正斜二轴测图。

首先，想象空间形体。由投影图可知，该形体由高度不同的两个圆柱组成，其中，左边圆柱较小，右边圆柱较大。由于形体只在一个方向上有圆形，为简化作图，可放置形体使圆面平行于正平面，并取小圆端面圆心为坐标原点。作出各圆的正面斜二轴测投影后，画出可见的切线即可。

作图过程如下：

① 在投影图上选定坐标系，如图 2-12（a）所示。

② 画出正面斜二轴测轴，在 Y' 轴上量出 $OA/2$ 长度，定出 A 点；再量出 $AB/2$ 长度，定出 B 点，如图 2-12（b）所示。

③ 分别以 O、A、B 为圆心，根据正投影图上的长度，画出各圆，如图 2-12（c）所示。

④ 作出每一对等直径圆的公切线，如图 2-12（d）所示。

⑤ 擦去多余作图线，加重外轮廓线，即得到形体的最后斜二轴测图，如图 2-12（e）所示。

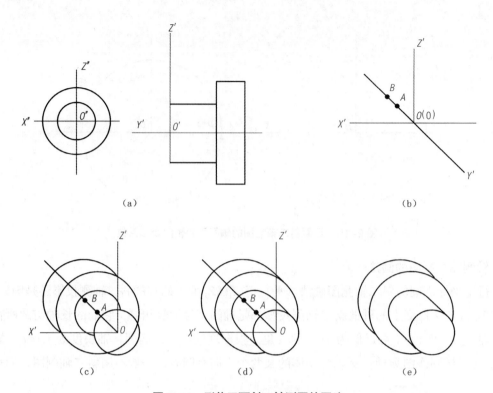

图 2-12 形体正面斜二轴测图的画法
(a) 形体的两面投影图；(b) O、A、B 三点的斜二轴测投影；(c) 以三点为圆心画圆的斜二轴测图；
(d) 作等直径圆的公切线；(e) 形体最终的正面斜二轴测图

【例 2-6】画出图 2-13 所示形体的正面斜二轴测图。

已知图 2-13（a）中的两面投影图，该形体正面投影反映形状特征，且正面投影有半圆柱面，形体的前、后端面互相平行，形状相同。因此设定坐标系时，由于形体只在一个方向有半圆形，为简化作图，可将形体放置在半圆柱面平行于正平面，并取半圆的圆心为坐标原点。作出形体的正面斜二轴测投影后，向内加上宽度便可成图。如图 2-13（b）～图 2-13（f）所示。

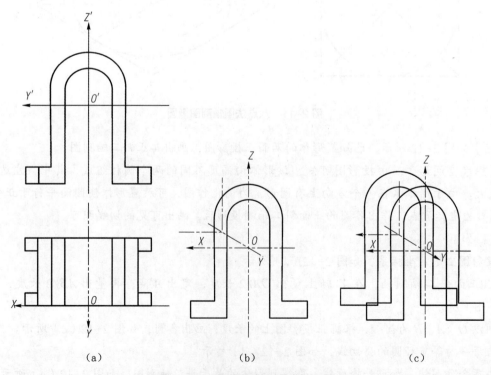

图 2-13 正面斜二轴测图画法示例

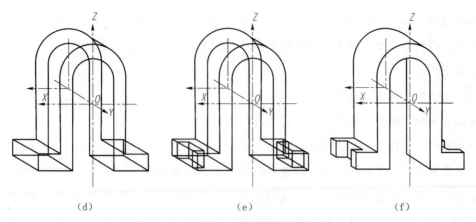

（d）　　　　　　　　　（e）　　　　　　　　　（f）

图 2-13　正面斜二轴测图画法示例（续）

（2）平行于坐标面的平面立体的斜二轴测图画法。

【例 2-7】如图 2-14 所示，已知某棱柱的两面正投影图，画出其正面斜二轴测图。

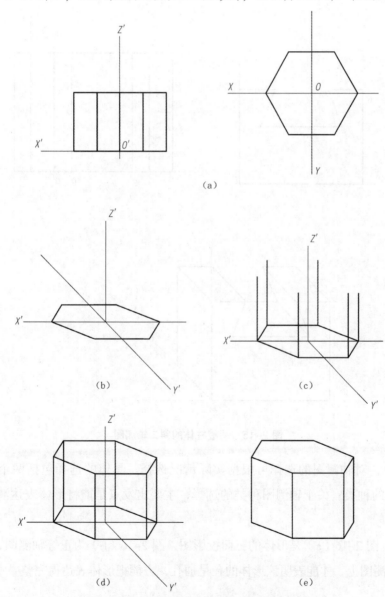

图 2-14　棱柱正面斜二轴测投影图的画法
（a）棱柱的两面正投影图；（b）底面的正面斜二轴测图；（c）棱加高以后的正面斜二轴测图；
（d）棱柱的正面斜二轴测图；（e）棱柱最终的斜二轴测图

首先，想象空间形体。由投影图可知，该形体是一个六棱柱，可利用坐标法作图，放置形体使下底面平行于水平面，得到6个顶点的正面斜二测投影后，向上加上高度便可成图。

作图过程如下：

①在投影图上选定坐标系，如图2-14（a）。

②作出棱柱地面的正面斜二轴测图，如图2-14（b）。

③在棱柱底面的6个顶点上加上高度，如图2-14（c）。

④连接上底面6个顶点的轴测投影，即成棱柱的正面斜二轴测图，如图2-14（d）所示。

⑤擦去多余作图线，加重轮廓线，即得到形体的最后斜二轴测图，如图2-14（e）所示。

【例2-8】画出图2-15所示棱柱体的斜二轴测图。

图2-15中棱柱体的前、后两端面互相平行，形状相同，因此设定坐标系时可使前端面与坐标面 $X'O'Z'$ 重合，这样前、后端面的斜二等轴测投影形状不变。

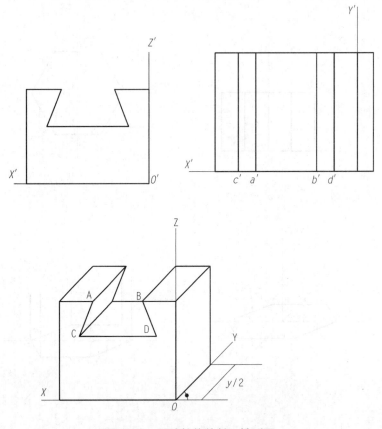

图2-15　画棱柱体的斜二轴测图

实际绘图运用中，对轴测图的选择可根据实际情况选择。具体的选择包括两个问题，分别如下：

（1）选择轴测图的种类。关于轴测图种类的选择，主要出发点是能将形体表达清楚，其次是考虑作图方便。

如图2-16所示，图2-16（a）是形体的三面投影图，图2-16（b）为正等轴测图，图2-16（c）为斜二轴测图。在斜二轴测图上，才能表明该形体的孔是通孔，方能把形体表达得完整。

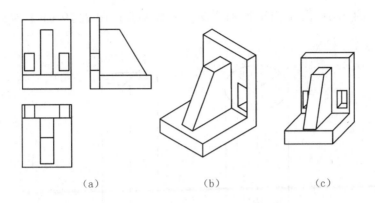

图 2-16 轴测图的种类选择对比（1）

如图 2-17 所示，图 2-17（a）为形体的三视图，图 2-17（b）为正等轴测图，无法表达立体的孔是通孔，故应选用斜二轴测图。试绘制一下斜二轴测图。

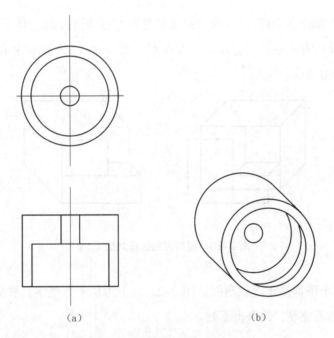

图 2-17 轴测图的种类选择对比（2）

如图 2-18 所示，图 2-18（a）为正等轴测图，图中有两个平面积聚成直线，图示效果不佳；而图 2-18（b）所示为斜轴测图，效果很明显。

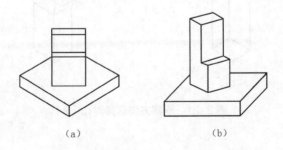

图 2-18 轴测图的种类选择对比（3）

如图 2-19 所示，图 2-19（a）为正等轴测图，立体感强；图 2-19（b）为斜二轴测图，有失真的感觉。

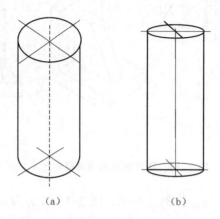

图 2-19　轴测图的种类选择对比（4）

（2）选择观察方向。如图 2-20 所示，两个图同样是斜二等轴测投影，但不同的观察方向，图示的效果不同。图 2-20（a）所示为从左方、前方、上方观察，图 2-20（b）所示为从右方、前方、上方观察，可见图 2-20（a）的效果好。

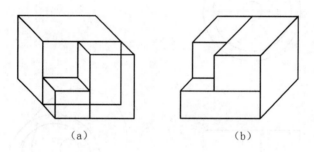

图 2-20　观察方向选择对比（1）

如图 2-21 所示，两个图都是正等轴测图，图 2-21（a）为从下方观察，柱头表达明显；图 2-21（b）为从上方观察，可见表达不完整，效果也不好。

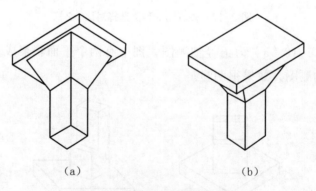

图 2-21　观察方向选择对比（2）

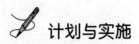 计划与实施

布置某一室内框架图，进行轴测图分析，提出使用轴测图绘图的类型，按照绘制的规律独立完成该实体的绘制。

 评价反馈

1. 自我评价

（1）是否熟悉正等轴测图或斜二轴测图的形成规律？　　　　　　　　　　　　□是 □否

（2）是否熟练掌握轴测图的选用？　　　　　　　　　　　　　　　　　　　□是 □否

2. 小组评价

（1）是否熟悉不同类型轴测图绘制？　　　　　　　　　　　　　　　　　　□是 □否

（2）是否熟悉轴测图的分类和绘制规律？　　　　　　　　　　　　　　　　□是 □否

参评人员（签名）：_____

3. 教师评价

教师总体评价：

参评人员（签名）：_____　　年　月　日

 任务实训

提供一个相对比较复杂的物体，结合轴测图的基本参数选择合适的轴测图类型，绘制在 A3 图纸上。

作　业

（1）轴测图的基本分类有哪些？

（2）正等轴测图和斜二轴测图的绘制有哪些区别？

（3）轴测图的绘制方法有哪些？

模块 3
透视图作图

学习任务 3.1　透视图的基本知识

 学习目标

熟悉透视的定义；掌握透视分类。

 应知理论

透视的定义及其相关术语。

应会技能

透视图绘制规律。

3.1.1　透视概述

"透视"一词源于拉丁文"perspclre"（看透）。最初研究透视是采取通过一块透明的平面去看景物的方法，将所见景物准确地描画在这块平面上，即成该景物的透视图。室内设计是对建筑空间的设计，表现图必须表达出这种空间的设计效果，也就是要有空间感，因此，室内效果图必须建立在一种缜密的空间透视关系基础之上，对透视学知识的运用是掌握室内表现图技法的前提。

3.1.1.1　透视的术语

透视图的基本原则有两点。一是近大远小，离视点越近的物体越大，反之越小；二是不平行于画面的平行线其透视交于一点，透视学上称该点为"消失点"或者"灭点"。为了弄懂透视图的基本原理，必须先了解透视学中一些透视图的主要术语及其含义。如图 3-1 所示。

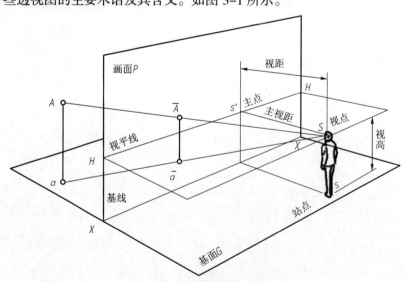

图 3-1　透视术语

（1）基面 G——相当于水平投影面，物体所在的水平地面。

（2）画面 P——垂直于基面 G 的平面，相当于正立投影面。

（3）基线 XX——画面 P 与基面 G 的交线，相当于投影轴 X 轴。

（4）视点 S——透视投射中心，相当于人眼。

（5）站点 s——视点 S 的水平投影，又称驻点。

（6）主点 s′——视点 S 在画面 P 上的正投影，又称心点。

（7）视平线 HH——通过视点 S 作一水平面与画面 P 相交的交线。

（8）视高——视点 S 离基面 G 的距离。在画面 P 上即视平线 HH 与基线 XX 之间的距离。

（9）视距——视点 S 与主点 s′ 的距离，即视点 S 与画面 P 之间的距离。

（10）视点 S 与空间点 A 相连，即视线 SA 与画面相交于点 $\overline{A}$，点 $\overline{A}$ 即为空间点 A 的透视投影，简称透视。A 的水平投影 a 的透视 $\overline{a}$ 称 A 的次透视或基透视。

（11）视域范围——固定视野的所有视线集中在视点上形成的锥状范围。锥的界面近似于椭圆形，视轴上方的最大角度为 45°，视轴下方的最大角度为 65°，视轴左右最大角度为 140°，如图 3-2 所示。

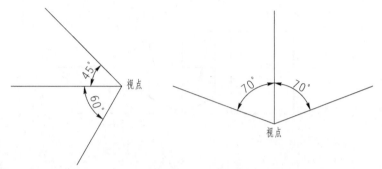

图 3-2　视域范围

（12）60°视域范围。在 60°视域范围内，视觉清晰，画面上的物体形状透视变化正常；在 60°以外，视觉不清晰、模糊，物体形状出现畸形变化。测点的确定与视距有关；测点距视中心越近，物体透视缩减，显得不稳定；测点距视中心越远，则感觉相对稳定。如图 3-3 所示。

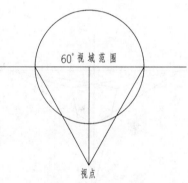

图 3-3　60°视域范围

3.1.1.2　透视的类型

1. 一点透视

一点透视也称平行透视。物体的两组线，一组平行于画面，另一组水平线垂直于画面，聚集于一个灭点。一点透视表现范围广，纵深感强，适合表现庄重、严肃的室内空间。其缺点是比较呆板，与真实效果有一定距离。如图 3-4 所示。

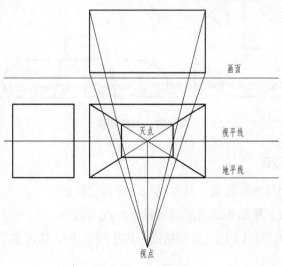

图 3-4　一点透视

2. 两点透视

两点透视也称成角透视。物体有一组垂直线与画面平行,其他两组线均与画面成一角度,而每组有一个灭点,共有两个灭点。两点透视图面效果比较自由、活泼,能比较真实地反映空间。其缺点是角度选择不好则易产生变形。如图 3-5 所示。

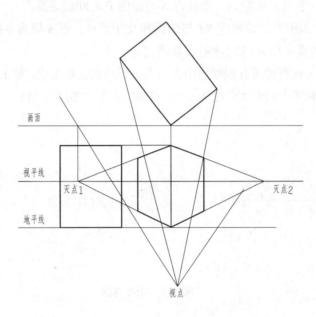

图 3-5 两点透视

3. 三点透视

三点透视也称斜角透视。物体的三组线均与画面成一角度,三组线消失于三个灭点。三点透视多用于高层建筑透视,如图 3-6 所示。

4. 曲线透视

曲线透视仍然要遵循近大远小、近宽远窄、正宽侧窄的透视规律,同处在一个平面上的曲线为平面曲线,不在同一个平面上的曲线为立体曲线。有规律旋转的曲线为规律曲线,无规律的曲线为自由曲线。如图 3-7 所示。

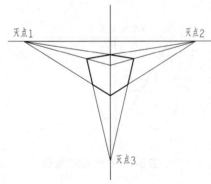

图 3-6 三点透视

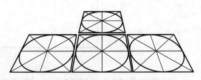

图 3-7 曲线透视

3.1.1.3 透视的基本规律

(1)长度相等的线段,距离画面越远,长度越短,近长远短。

(2)空间间隔相等的线段,距离画面空间越远越小,近大远小。

(3)高度相等的线段,视平线以上的越远越低,视平线以下的越远越高。两种情况到最远处均消失于灭点。

(4)平行透视只有一个灭点,成角透视有两个灭点。与画面不平行的倾斜线段,一定消失于垂直视平线于灭点的直立灭线的天点①或地点②上。向上倾斜的消失于天点，向下倾斜的消失于地点。

（5）成角透视的直立灭线垂直视平线于两个灭点，平行透视的直立灭线垂直视平线于心点。

3.1.1.4 点和直线的透视基本画法

1. 基面上的点

已知画面后基面上有一点 A（见图 3-8）及其在画面上的正投影 a'。由于 A 在基面上即高度为 0，故 a' 在基线 XX 上。已知视点的位置，由 s' 和 s 表示。连 SA 视线与画面 P 相交，交点 $\overline{A}$ 即为 A 的透视。若连站点 s 与 A 的水平投影 a 与 P 相交于基线 XX 上 a_X 点，$\overline{A}a_X$ 必垂直于 XX（$\triangle SsA$ 与 P 均垂直于基面 G，其交线 $\overline{A}a_X$ 必垂直于基面）。

现将画面与基面分别画在同一平面上（见图 3-9）。为求画面上点 A 的透视 $\overline{A}$，可先在基面上连接 sa，与 PP 线（画面 P 的水平投影）相交于 a_X 点，得 A 的透视位置。在画面上连接 $s'a'$，由 a_X 垂直向上作直线与 $s'a'$ 相交于 $\overline{A}$，$\overline{A}$ 即为所求。

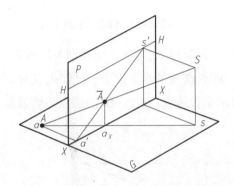

图 3-8 基面上点的透视直观图

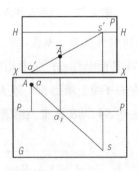

图 3-9 基面上点 A 的透视图

2. 基面垂直线

设空间直线 AB 垂直于基面，A 点在基面上（见图 3-10）。用上面同样方法再求出 B 点的透视 $\overline{B}$。直线的透视一般来说仍是直线。连线 $\overline{A}\,\overline{B}$ 即为所求（见图 3-11）。

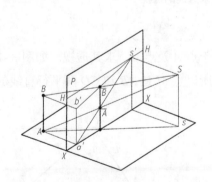

图 3-10 基面垂直线 AB 的透视直观图

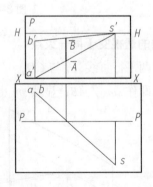

图 3-11 基面垂直线 AB 的透视图

3. 灭点和基面上的直线

设基面上有一直线 AB，连 SA、SB 与 P 相交，即求得 AB 的透视 $\overline{A}\,\overline{B}$（见图 3-12）。延长 BA 与 P 相交得交点 K，直线 AB 与 P 的交点 K 称为迹点。由于 K 在 P 上，所以 K 的透视 $\overline{K}$ 与 K 重合。由此，直线 KAB 与其透视 $\overline{K}\,\overline{A}\,\overline{B}$ 相交于 K 点。

---

① 天点：近低远高的倾斜物体，消失在视平线之上的点。
② 地点：近高远低的倾斜物体，消失在视平线之下的点。

若直线远离 P 延伸，如至 C，从图 3-13 中可看出，其透视将向斜上方延伸至 $\overline{C}$。如果不断延伸直线至无穷远，则通向直线无穷远点的视线将平行于原直线，与画面 P 将交于 M 点，显然，这点就是直线无穷远端点的透视，通常称为"灭点"或"消失点"。由上所述可知，基面上直线的灭点 M 必在视平线 HH 上。

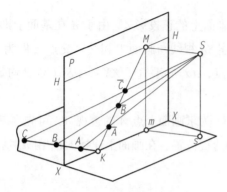

图 3-12　迹点 K 和灭点 M

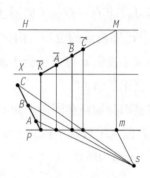

图 3-13　图 3-12 的作图

图 3-14 是利用灭点求一基面上直线 AB 的透视方法。先延伸 BA 至 P，交点即为迹点 K，其透视 $\overline{K}$ 应在基线 XX 上。在基面上作 sm∥AB 相交于 P 线上 m 点，即灭点 M 的水平投影。已知灭点 M 应在视平线上，所以由 m 向上在 HH 线上求得 M。连 $\overline{K}$M 即为直线 AB 的全长透视。直线 AB 的透视当然就是其中的一段，由此按前述方法连 SA、SB 不难求得透视 $\overline{A}\overline{B}$。

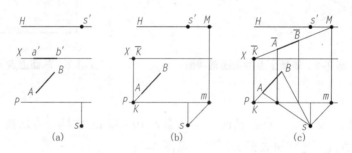

图 3-14　用灭点迹点求直线的透视

4. 平行直线的透视交于同一灭点

设基面上有两平行直线 AB 与 CD，且各与画面相交于点 A 及点 C，求其透视。如图 3-15 所示，首先应作出其灭点，即作 sm∥AB，显然 sm 也平行于 CD，所以点 M 是 AB 和 CD 两平行直线的共同灭点。

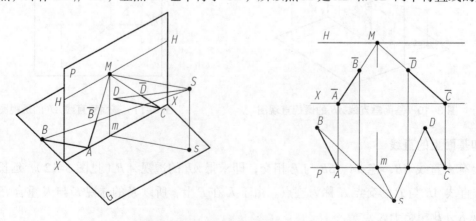

图 3-15　平行直线的透视交于同一灭点

同样，如图 3-16 所示，AB∥CD，其中 CD 为空间的一水平线。设 A 与 C 均为迹点，故 $\overline{A}$ 与 A 重合、$\overline{C}$ 与 C 重合，透视 $\overline{A}\overline{B}$ 与 $\overline{C}\overline{D}$ 必相交于视平线上灭点 M。从图 3-16 中可看到 $\overline{A}\overline{C}$ 的长度为两平行直线

的实际距离。由于 AB ∥ CD，透视图（见图 3-17）上 $\overline{DB}$ 与 $\overline{AC}$ 的实际长度是相等的。

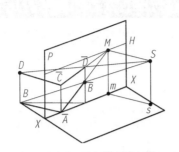

图 3-16 两水平线的透视直观图

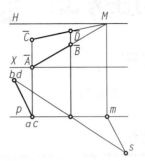

图 3-17 两水平线的透视图

 计划与实施

选用某一物体（正方体、长方体）进行透视分析，提出透视参数包括的内容并对透视的形成规律进行说明。

 评价反馈

1. 自我评价

（1）是否熟悉透视定义？　　　　　　　　　　　　　　　　　　　　□是　□否

（2）是否熟练掌握透视的分类和形成规律？　　　　　　　　　　　　□是　□否

2. 小组评价

（1）是否熟悉透视术语？　　　　　　　　　　　　　　　　　　　　□是　□否

（2）是否熟悉透视的分类和形成规律？　　　　　　　　　　　　　　□是　□否

参评人员（签名）：_____

3. 教师评价

教师总体评价：

参评人员（签名）：_____　　　年　月　日

 任务实训

收集相关透视图进行透视分析，提出透视参数所包括的内容并对透视的形成规律进行说明。

作　业

（1）简述透视的定义及其类型。

（2）透视的形成规律有哪些？

（3）用 A4 图纸抄绘教材中的透视图。

学习任务 3.2　透视图常用画法及作图步骤

 学习目标

熟练掌握视线法、量点法。

 应知理论

透视图的分类与绘制方法选择原则。

应会技能

掌握用视线法、量点法作一点透视图、两点透视图的技能。

3.2.1　视线法画透视图

3.2.1.1　基本作图方法

现设有一立体，如图 3-18 所示，其位置在基面上、画面后，为作图方便，使其一垂直棱线紧贴画面，如图 3-19（a）所示。已知视点位置，求其透视图。

首先，将画面（上有 HH 和 XX 线）与基面（P 线两边）放在同一平面上。先求其水平投影的透视图，即立体的次透视（因在基面上又称基透视）。方法是先求出两组平行直线的两个灭点 M_1、M_2，如图 3-19（a）所示；然后，利用灭点连线作出两条直线的全长透视。按前述方法分别求出基面上两条直线的透视，随即利用平行线交同一灭点的原理，画出该立体的次透视，如图 3-19（b）所示。接着，画高度，从紧贴画面的那条垂直棱线画起，因该棱线在画面上，故其透视高即为原直线实际高度。最后，仍然利用平行线交同一灭点的原理，依次画出立体面上各水平棱线，如图 3-19（c）所示，这就完成了该立体的透视图。

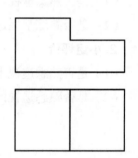

图 3-18　一立体的两视图

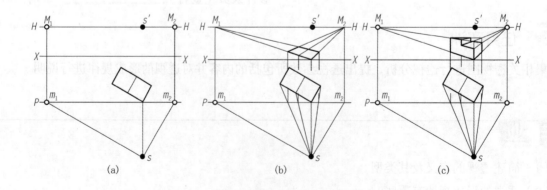

图 3-19　用视线法画立体的透视图作图过程

3.2.1.2　应用作图举例

已知两视图（主视、俯视），如图 3-20 所示，现将透视图作图步骤归纳如下：

(1)求灭点（M_1、M_2）。

(2)求特殊点（本例有1、2、3、4、5）。

(3)将所有点移到 HH 线上（本例有1、2、3、4、5、M_1、M_2，本例中4点为作图起点）。

(4)作次透视图（即俯视图的透视图）。

(5)求真实高度。

(6)分析立体，完成透视图。

作图过程如图3-20、图3-21所示，其中：图3-20为求灭点、特殊点；图3-21（a）为作次透视图，4点为作图起点，因其与基线 XX 贴近，此点也是求真实高度的起点；图3-21（b）为延长不与基线 XX 相交的透视线至基线 XX 上求真实高度；图3-21（c）为完成透视图。

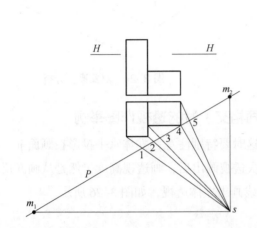

图3-20 立体两视图及求灭点、特殊点的作图过程

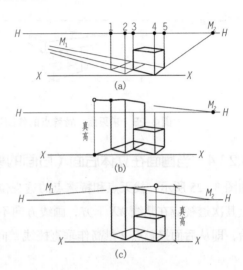

图3-21 求灭点、特殊点后的作图过程

3.2.1.3 当画面在立体中间时的透视作图举例

如图3-22所示，由于立体上部大，若按前面一样与画面接触将只是上面部分，下面部分不贴画面，画透视图时就不方便。为此，我们可将画面与立体下面部分紧贴。

注意：图3-22求特殊点过程中，4点、6点、8点均与基线 XX 相交，即4点、6点、8点处均可求真实高度。其后的作图过程如图3-23所示。真实高度分析如图3-24所示。

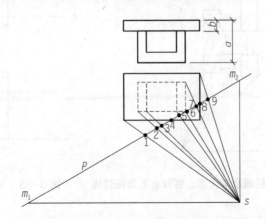

图3-22 画面处在立体中间的立体两视图及求灭点、特殊点的作图过程

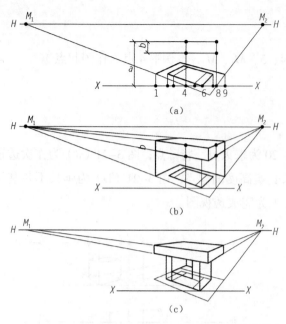
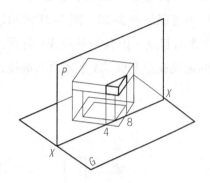

图 3-23 求灭点、特殊点的作图过程   图 3-24 真实高度分析

3.2.1.4 当画面在立体后面（后面的棱线与画面相交）时的透视作图举例

如图 3-25 所示，找灭点和特殊点的透视位置同前。这时要特别注意，立体水平投影在画面前，在透视图上其次透视应在基线 XX 下方，画线方向不要搞错。次透视画出后，画透视高度仍然是从画面反映真高开始，即从后面接触点 2 量高作垂直棱线，向前引平行线画出立体透视，如图 3-26 所示。

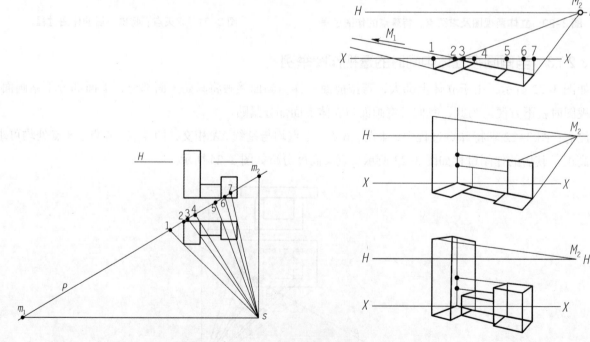

图 3-25 画面在立体后面的立体两视图及求灭点、特殊点的作图过程   图 3-26 求灭点、特殊点后的作图过程

3.2.1.5 当画面与立体不接触时透视作图举例

如果画面与立体完全不接触，这种情况在需要同时画几个立体时常会遇到，可将水平投影各线分别延长至与画面相交，也称为迹点，如图 3-27 中 1、2、3、4、5、6、7 点，再作次透视。这里一定要注

意延长线的方向，延长线要与相应的灭点相连。由于此方法不用视线通过与画面相交作透视，而是直接利用两灭点和直线的迹点作透视，故又称"迹点灭点法"或"交线法"。

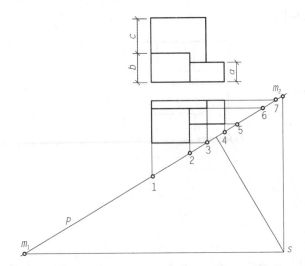

图 3-27　延长不与画面 P 相交的俯视图中的线（即求全长透视）

这里要注意的是：当视高相对于两灭点距离比较小时，次透视将会变得很扁，从而造成各点透视位置不清晰、不准确，图 3-28 中就用了降低基线 XX 的作图方法而加以改善，使相交各交点透视位置准确无误。方法是在 XX 线下方任设一基线 X_1X_1，原 HH 和灭点位置不变（相当于临时增大了视高），以 HH 和 X_1X_1 画次透视。从图 3-28 中可看到用 X_1X_1 和 XX 求出的次透视各点位置是一致的，当然最终画透视还依原视高画。画建筑物特别是高大建筑物透视时，常用降低基线法。

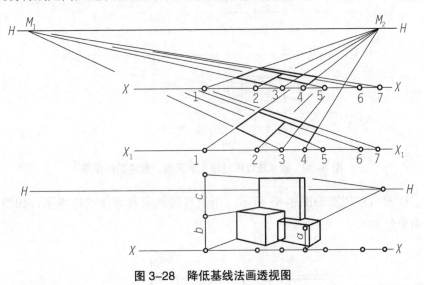

图 3-28　降低基线法画透视图

3.2.2　量点法画透视图

量点法是透视图的一种简化画法，是在充分理解立体结构的基础上快速作图的方法。采用量点法与视线法作图图形是一样的。量点法作图过程如图 3-29、图 3-30 所示。现将作图步骤归纳如下：

（1）求灭点（M_1、M_2）（若为一点透视，即画面 P 与立体正平行，则只有一个灭点）。

（2）求量点（L_1、L_2）（$M_1L_1=M_1S$、$M_2L_2=M_2S$）。

（3）将灭点、量点移到 HH 线上。

（4）作次透视图（即俯视图的透视图）（将实际长度放在其全长透视同一侧的基线 XX 上，图 3-29 中 a、b、c 长度放在全长透视 KM_1 同一侧的基线 XX 上，通过 L_1 截取得其透视位置，d、e 长度放在全长透

视 KM_2 同一侧的基线 XX 上,通过 L_2 截取得其透视位置)。

(5)求真实高度(真实高度即与画面相交的立体的棱边的长度,即图 3-29 中的 O 点代表的棱边)。

(6)分析立体,完成透视图。

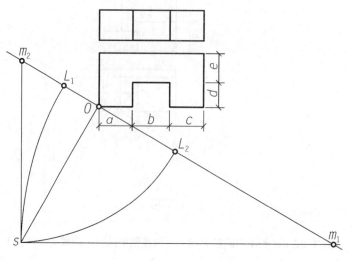

图 3-29 量点法作图过程(求灭点、量点)

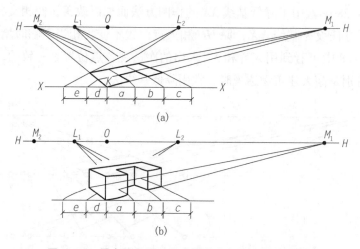

图 3-30 量点法作图过程(求灭点、量点后的步骤)

已知家具的主视图与左视图如图 3-31 所示,用量点法画家具形体的透视图,如图 3-22 所示。注意画面 P 与家具正面偏角 30°。

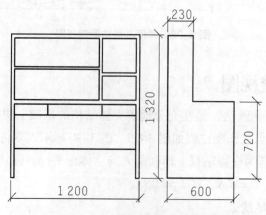

图 3-31 家具主视图、左视图

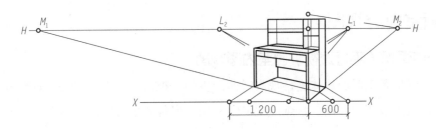

图 3-32 用量点法画家具形体的透视图

当画面与立体各垂直面呈一定角度，就有两个灭点，其透视图即为两点透视。当画面 P 与立体正面偏角为 $0°$ 时，如图 3-33 所示，透视图如何画？现按量点法原理画图 3-33 所示立体。首先从水平投影可看出，与画面平行的一组直线将没有灭点，只有与画面垂直的另一组直线有灭点，而且即为主点 s'。如用量点法画，即以主点的水平投影为圆心，至 s 距离为半径，画圆弧交 PP 于 L，即量点的水平投影，如图 3-33 所示。余下画法如图 3-34 所示。由于其量点的由来，视距 d 即为半径，所以 s' 与 L 的距离即为视距。用量点法画一点透视也称为"距离点法"。

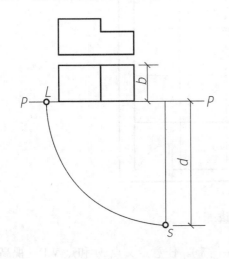

图 3-33 画面与立体正面偏角为 $0°$

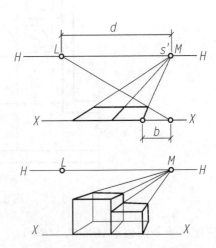

图 3-34 量点法作一点透视图

再举一例，一立体主视图、俯视图及量点法作图过程如图 3-35、图 3-36 所示。请读者认真分析作图过程。

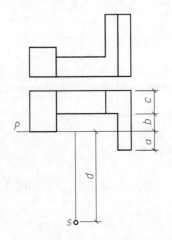

图 3-35 一立体主视图、俯视图

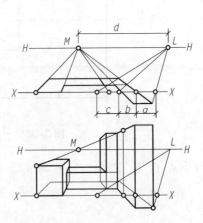

图 3-36 量点法作立体一点透视图

3.2.3 画室内透视图

3.2.3.1 一点透视（平行透视）画室内透视图

一点透视是当观察者正对着物体进行观察时所产生的透视图。一点透视法中观察者正对灭点，因此当观察者移动时，灭点也相应移动。一点透视易学易用，但是效果可能没有两点透视或三点透视那样富有动感。

例如，已知空间宽 5m、高 3m、进深 6m（见图 3-37），用一点透视的方法绘图过程如下：

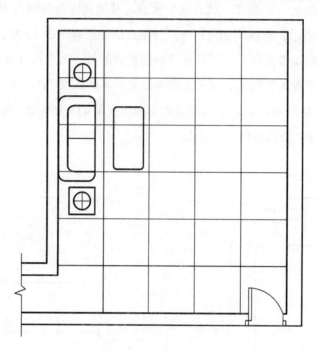

图 3-37 空间平面效果

（1）按比例绘制四边形 $ABDC$，AB=5m（宽），AC=3m（高）。任意定义点 M 和点 V.P，视高 =1.6m。将宽 5 等分，高 3 等分。利用点 M 即可求出室内的进深（Aa=6m），如图 3-38 所示。

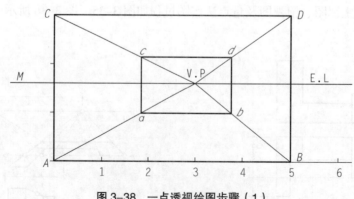

图 3-38 一点透视绘图步骤（1）

（2）从点 M 向点 1、2、3、4、5、6 画线与 Aa 相交于点 1′、2′、3′、4′、5′、6′，如图 3-39 所示。

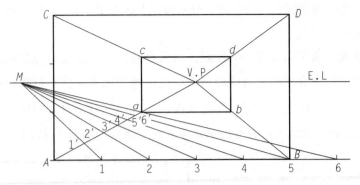

图 3-39　一点透视绘图步骤（2）

（3）利用平行线画出墙与天井的进深分割线，然后从各点向点 V.P 引线，如图 3-40、图 3-41 所示。

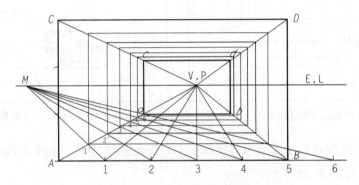

图 3-40　一点透视绘图步骤（3）

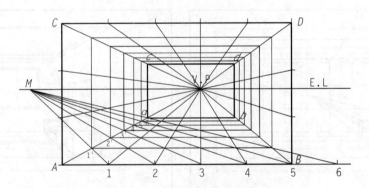

图 3-41　一点透视绘图步骤（4）

（4）删除辅助点、线，完成图稿，如图 3-42 所示。

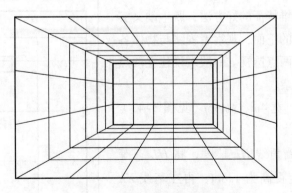

图 3-42　一点透视绘图步骤（5）

（5）根据平面图上家具的坐标点在地平面上确定好家具的位置，如图3-43所示。由家具底部的角点向上画出垂直线的高度。

（6）在垂直的内墙或外墙标出高度的刻度点，由灭点向刻度点连线，与靠墙家具垂直线相交的点是该家具顶部角点的透视。没有靠墙的家具则要将坐标点由地面向墙角作平行线得以相交点，由相交点作向上垂直线与由灭点向刻度点的连线相交，得出高度点，再向家具垂直方向作平行线与之相交，该交点就是该家具顶部角点的透视。用此方法将室内家具画成立方体状，如图3-44所示。

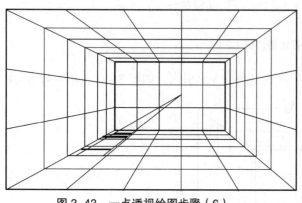

图3-43 一点透视绘图步骤（6）

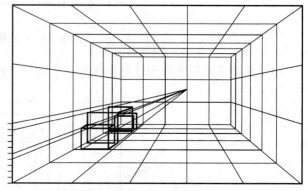

图3-44 一点透视绘图步骤（7）

（7）在家具大的形体的基础上可以用对角线与中心线分割增值等方法将家具形体细化，最后擦除辅助线即可完成透视图，如图3-45所示。

（8）最终效果如图3-46所示。

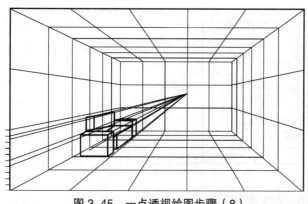

图3-45 一点透视绘图步骤（8）

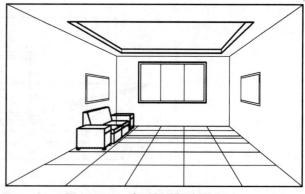

图3-46 一点透视绘图步骤（9）

3.2.3.2 两点透视（成角透视）画室内透视图

两点透视是分析物体三维特征的好方法，既生动又实用。当观察者不是站在物体的正面，观察者视线与物体各垂直面都不垂直，就会产生两点透视。一般来说建立两点透视要比建立一点透视更复杂。

例如，已知空间长5m、宽4m、高3m（见图3-47）。用两点透视绘图步骤如下：

（1）按画面大小确定墙角线HL长度，将HL三等分为3，该线为真高线。定视高为1.6m，再在基线XX上取刻度点，在真高线两侧分别取4个和5个点。在视平线上定两个测点M'_1和M'_2，位置分别比左右墙面垂

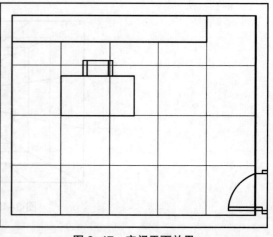

图3-47 空间平面效果

直边线略向内收一点即可。然后在视平线上定出两个灭点，将它们分别定于与墙角线的距离大于墙角线长度两倍的位置，如图3-48所示。

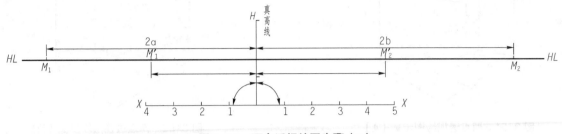

图3-48　两点透视绘图步骤（1）

（2）由两个灭点分别经墙角线H上下两端绘出地角线和顶角线，再由两个测点各自经XX上的刻度点来分割地脚线，得出对应的透视点。从点A、B向上引出垂直线和顶角线相交，交点为C、D，这样就绘制出两个墙面，如图3-49、图3-50所示。

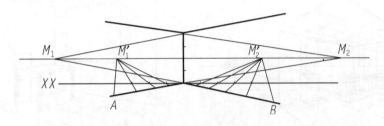

图3-49　两点透视绘图步骤（2）

（3）由两个灭点分别经地角线的透视点引出直线形成地面网格。同理求出顶角线的透视点，画出顶面网格，如图3-50所示。

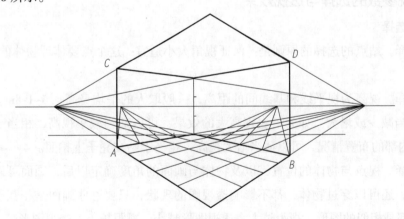

图3-50　两点透视绘图步骤（3）

（4）从地角线的透视点逐点向上引出垂直线与顶角线相交，再由两个灭点分别经墙角线H上的三等分点画出墙面网格，如图3-51所示。

（5）根据平面图上家具的坐标点在地平面上确定好家具的位置，如图3-52所示。

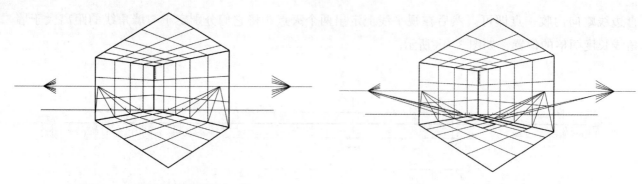

图 3-51 两点透视绘图步骤（4）　　　　图 3-52 两点透视绘图步骤（5）

（6）利用墙角线 H 定出家具的高度，如图 3-53 所示。

（7）擦去辅助线，细化家具细节，即可完成两点透视图，如图 3-54 所示。

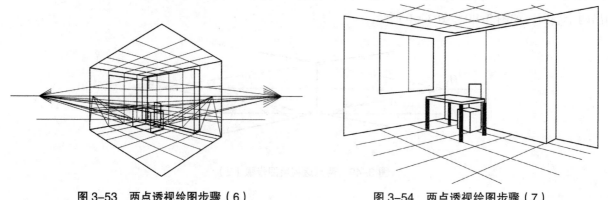

图 3-53 两点透视绘图步骤（6）　　　　图 3-54 两点透视绘图步骤（7）

3.2.3.3　透视参数的选择与透视效果

1. 透视参数的选择

（1）站点的选择。站点的选择的原则是：保证视角大小适宜；这个点要体现物体的特点，如长宽比、不能有遮挡。

（2）视高的选择。视高为视平线和基线间的距离，一般取人的平均身高 1.5~1.8m。为了表达某些特殊的效果，可以适当减少或增大。如为了表现高大的效果，可以适当减小视高，相当于蹲下来拍照的效果；如要清晰表达内部的布置情况，可以适当增大视高，相当于站在凳子上拍照。

（3）视距的选择。视点与物体的位置，以及物体与画面的角度确定以后，画面可以放在物体前面也可以放在物体后面，还可以穿过物体，都不影响透视图的现状，只要这些画面是相互平行的，那么在这些画面上的透视图都是相似的图形。视距越大，透视图形越小；视距越小，透视图形越大，透视变形也就越大。对于单件的家具等物品，视距一般选择 1.5~5m；对于大件的家具或者组合家具等物品，视距可以适当加大，可以选择 3~7m；大型建筑物或室内透视则视距更大。

2. 透视效果

从景观表现而言，室内装饰效果图有如下特点：①面积小，空间深度不大，形式与结构有规律性。②在透视关系上没有过大的远近对比，以一点透视和两点透视为主。③在表现上要做到准确无误。④室内陈设繁杂，关系微妙，环境色丰富。

透视作图可以建立学习者的透视空间感，为今后快速设计表达（手绘表现）有直接帮助。图 3-55~图 3-59 所示均为徒手绘图表现。绘图者只有在学习室内设计制图的运用制图工具工整作图的方法后，在掌握透视原理（近大远小、近高远低）和建立透视空间感的基础上才能正确表达。

图 3-55　图 3-46 的室内一点透视效果（手绘线稿）

图 3-56　室内一点透视效果 1（手绘线稿）

图 3-57　室内一点透视效果 2（手绘线稿）

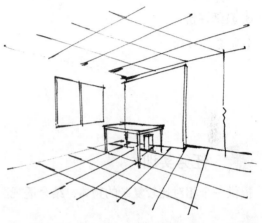

图 3-58　图 3-54 室内两点透视效果（手绘线稿）

图 3-59　室内两点透视效果（手绘线稿）

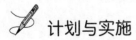 计划与实施

布置某一室内三视图，进行透视分析，提出选择绘制的透视图类型，按照绘制的规律独立完成该空间透视图的绘制工作。

评价反馈

1. 自我评价

（1）是否熟悉一点透视、两点透视的作图规律？　　　　　　　　　　　　□是 □否
（2）是否熟练掌握透视图的选用？　　　　　　　　　　　　　　　　　　□是 □否

2. 小组评价

（1）是否熟悉不同类型透视绘制？　　　　　　　　　　　　　　　　　　□是 □否
（2）是否熟悉透视图的分类和绘制规律？　　　　　　　　　　　　　　　□是 □否

参评人员（签名）：_____

3. 教师评价

教师总体评价：

参评人员（签名）：_____　　年　月　日

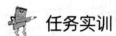 任务实训

提供一个相对比较复杂的物体，结合透视图的基本参数按照制图步骤，绘制在A3图纸上。

作　业

（1）透视图的基本分类有哪些？
（2）一点透视、两点透视的绘制有哪些区别？
（3）一点透视、两点透视的绘制方法有哪些？
（4）绘制教室透视图，教师指定透视类别及绘图方法。

模块 4
综合应用作图

学习任务 4.1　家具设计图绘制

学习目标

（1）掌握家具视图、剖视图与剖面图、局部详图的绘制。
（2）学会搜集家具设计资料库，掌握家具方案草图绘制、方案设计和实物模型制作。

应知理论

（1）家具设计制图标准的有关知识。
（2）家具设计制图的方法与步骤。

应会技能

（1）能独立完成某类家具图样图形的表达方法。
（2）能独立完成木质家具设计制图过程。

4.1.1　家具设计图种类

4.1.1.1　家具视图

1. 家具图样的图线型式及应用

家具图样的图线型式及应用见表 4-1。

表 4-1　家具图样的图线型式及应用

序号	图线名称	图线型式	宽度	一般应用
1	实线	———————	b（0.25~1mm）	a. 基本视图中可见轮廓线 b. 局部详图索引标志
2	粗实线	———————	$1.5~2b$	a. 剖切符号 b. 局部详图可见轮廓线 c. 局部详图标志 d. 局部详图中连接件简化画法 e. 图框线及标题栏外框线
3	虚线	- - - - - - - - -	$b/3$ 或更细	不可见轮廓线，包括玻璃等透明材料后面的轮廓线
4	粗虚线	▬ ▬ ▬ ▬ ▬	$1.5~2b$	局部详图中连接件外螺纹的简化画法

续表

序号	图线名称	图线型式	宽度	一般应用
5	细实线	———————	$b/3$ 或更细	a. 尺寸线及尺寸界线 b. 引出线 c. 剖面线 d. 各种人造板、成型空芯板的内轮廓线 e. 小圈中心线、简化画法表示连接件位里线 f. 圆滑过渡的交线 g. 重合剖面轮廓线 h. 表格的分格线
6	点划线	—·—·—·—	$b/3$ 或更细	a. 对称中心线 b. 回转体轴线 c. 半剖视分界线 d. 可动零部件的外轨迹线
7	双点划线	—··—··—··	$b/3$ 或更细	a. 假想轮廓线 b. 表示可动部分在极限位置或中间位置时的轮廓线
8	双折线	～～～	$b/3$ 或更细	a. 假想断开线 b. 阶梯剖视的分界线
9	波浪线	～～～	$b/3$ 或更细（徒手绘制）	a. 假想断开线 b. 回转体断开线 c. 局部剖视的分界线

2. 基本视图

（1）基本视图的名称和视图位置。制图标准规定视图的画法采用正投影第一角画法，即观察者—家具—投影面。

用正投影法按 3 个投影方向得到 3 个视图，即主视图、俯视图和左视图。这 3 个视图应用最多，但为了满足不同需要，国家标准还提供了右视图、仰视图和后视图，这 6 个表达物体外形的视图称为基本视图（见图 4-1、图 4-2）。

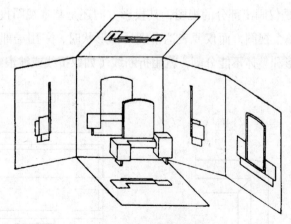

图 4-1 基本视图形成

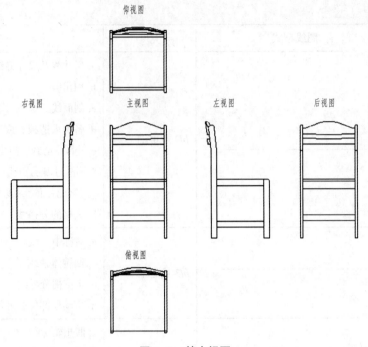

图 4-2 基本视图

（2）斜视图与局部视图。

① 斜视图。物体某些部分因倾斜于基本投影面，而基本视图表达不能反映其表面实际形状和尺寸，较为常见的是处于垂直斜面位置的表面。如图 4-3 所示，沙发上某一斜面是处于正垂面位置。这时设想用一新投影面平行于要表达的平面，然后进行投影，将所得到的投影图移至适当的位置，这个投影图就称为斜视图。其标注用一带字母的箭头表示投影方向。

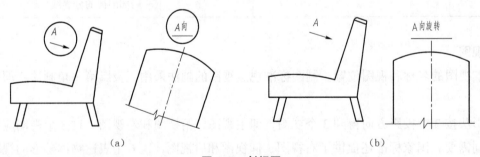

图 4-3 斜视图

② 局部视图。局部视图是仅画出部分的视图，其投影方向还是基本视图投影方向，如图 4-4 所示。为了避免重复表达，不需要画整个视图，而仅要表达个别局部形状时，采用局部视图表达方法，如图 4-4 所示的"A 向"。当局部视图图形和整体不能分割，就用折断线（如双折线或波浪线）画出表达局部视图范围。

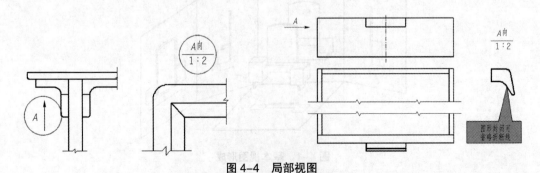

图 4-4 局部视图

4.1.2 家具剖视与剖面

4.1.2.1 剖视

1. 剖视图的表达

为了表达家具内部结构，显示其装配关系，就要采用剖视的画法来表达。所以家具结构图形表达方法基本上都采用剖视画法。它主要是将原来看不到的结构形状变成可以看到，如图4-5所示为一个框架结构板。为表达板内部各零件的装配关系，把左视图和俯视图画成剖视图，从图4-5中可以看出，剖到的实体部分画上了人造板或实木断面的剖面符号。

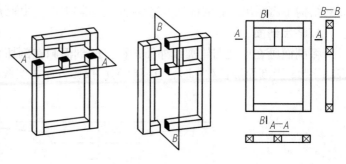

图 4-5 剖视图

2. 剖视图的标注

剖视图的标注如图4-6所示。

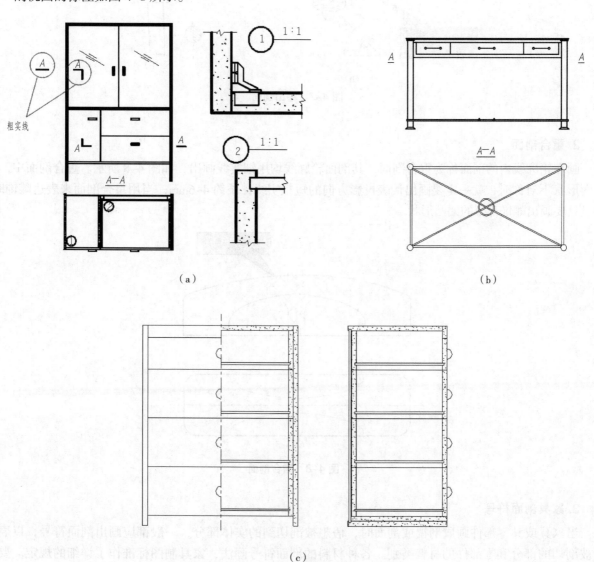

图 4-6 剖视图的标注

当基本视图绘制成剖视图,并处于规定位置时,中间没有其他图形隔开,可省略投影方向。

当剖切平面的位置处于对称平面或位置清楚明确,不致引起误解时,允许省略剖切符号。

4.1.2.3 剖面

假想用剖切平面将家具的某部分切断,仅画出断面的图形,这称为剖面。与剖视不同的是,剖切后面的结构不需画出。它的标注方法和剖视基本相同。剖面分为移出剖面和重合剖面两种。

1. 移出剖面

将剖面画在原视图轮廓线外面,移出的剖面画在剖切平面迹线的延长线上,用点画线引出,这时可省略字母;当剖面形状对称时,就省略剖切投影方向粗实线;剖面画的轮廓线用实线画出,如图4-7所示。

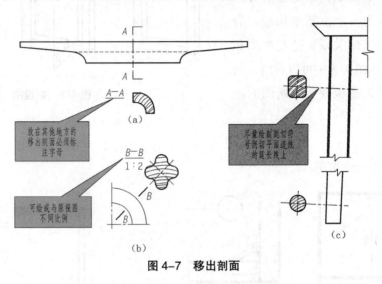

图4-7 移出剖面

2. 重合剖面

画在轮廓线内的剖面称为重合剖面,其剖面轮廓线均用细实线画出,如图4-8所示。重合剖面中,当剖面形状不对称时,就一定要画出代表投影方向的短粗实线,长约4~6mm;当用重合剖面来表达雕饰时,一般只要画出雕饰部分的凹凸形状。

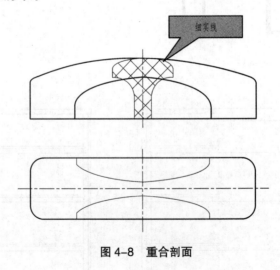

图4-8 重合剖面

3. 家具剖面符号

当家具或其零部件画成剖视或剖面时,假想被剖切到的实体部分,一般都应画出剖面符号,以表示已被剖切的部分和零部件的材料类别。各种材料的剖面符号画法,家具制图标准作了详细的规定。要注意的是剖面符号用线(剖面线)均为细实线。表4-2中列出了家具常用材料图例。

表 4-2 家具常用材料图例

名称		图例	名称	图例
木材	横剖（断面）方材		纤维板	
	横剖（断面）板材		薄木（薄皮）	
	纵剖		金属	
胶合板（不分层数）			塑料有机玻璃橡胶	
覆面刨花板			软质填充料	
细工木板	横剖		砖石料	
	纵剖			

4. 家具局部详图

将家具或其零部件的部分结构用大于基本视图或原图形的画图比例画出的图形称为局部详图。局部详图是表达家具结构较常用的方法，它解决了因基本视图用缩小比例致使图形局部更小而无法使各局部结构表达清楚的问题。局部详图可画成剖视图、视图、剖面图等各种形式，以画成剖视图最多，它与被放大部分的表达方式无关。局部详图安排的位置要便于看图，一是局部详图尽可能靠近被放大的图形处，二是有投影结构联系的尽可能画在一起，便于与原图形联系，具体如图 4-9 所示。

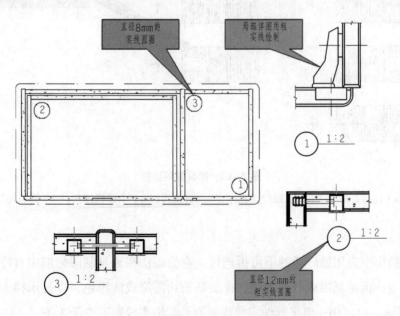

图 4-9 局部详图

4.1.2.4 家具结构图

1. 家具常用连接件连接的画法

家具上一些常用连接件如木螺钉、圆钢钉等，家具制图中都有特定的画法，如图4-10、图4-11所示。

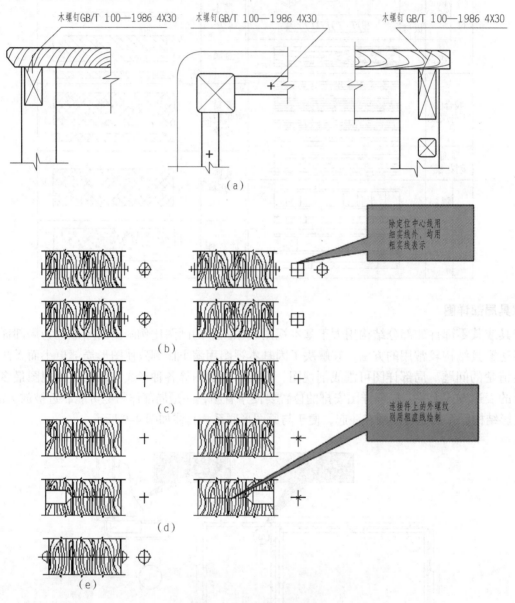

图 4-10　家具常用连接

（a）连接件的标注；（b）螺栓连接；（c）圆钉连接；（d）木螺钉连接；（e）铆钉连接

2. 榫结合

榫结合是家具结构中应用极广泛的不可拆连接。它的画法在家具制图标准中有特殊的规定，即表示榫头横断面的图形上，无论剖视或外形视图，榫头断面均需涂成淡墨色，以显示榫头断面形状、类型和大小，如图4-11所示。也可用一组平行细实线代替涂色，细实线数不少于3条。

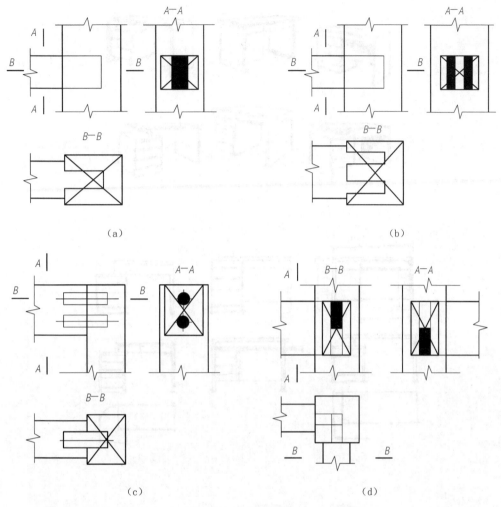

图 4-11 榫结合

4.1.3 家具设计图案例

4.1.3.1 家具设计制图步骤

1. 搜索家具设计资料库

资料在家具设计中起着参考的作用,能扩大构思,引导设计,为制定设计方案打下基础。通常以草图形式固定下来的设计构思,是个初步的原型,而工艺、材料、结构,甚至成本等,都是设计中要解决的问题。因此要广泛收集各种有关的参考资料,包括各地家具设计经验、中外家具发展动态与信息、工艺技术资料、市场动态等,进行整理、分析与研究综合,这是设计顺利进行的坚实基础。

2. 家具方案草图绘制

(1) 家具方案草图的概念、意义及方法。

家具方案草图是家具设计者提出解决问题的尝试性方法,是对设计要求理解之后,设计构思的形象表现,是捕捉设计者头脑中涌现出的设计构思形象的最好方法。

设计者绘制草图一般是徒手画成,因为徒手画得快,不受工具的限制,可以随心所欲、自然流畅,充分地将头脑中的构思迅速地表达出来,经过比较、综合、反复推敲,就可以优选出较好的方案。

绘制草图的方法,就是构思方案的反映过程,运用正投影法的三视图和透视效果的立体图均可。对于比例、结构的要求虽不是很严格,但也要注意与实际的尺度出入不宜过大,可以在有比例的坐标纸上覆以半透明的拷贝纸进行,如图 4-12 所示。

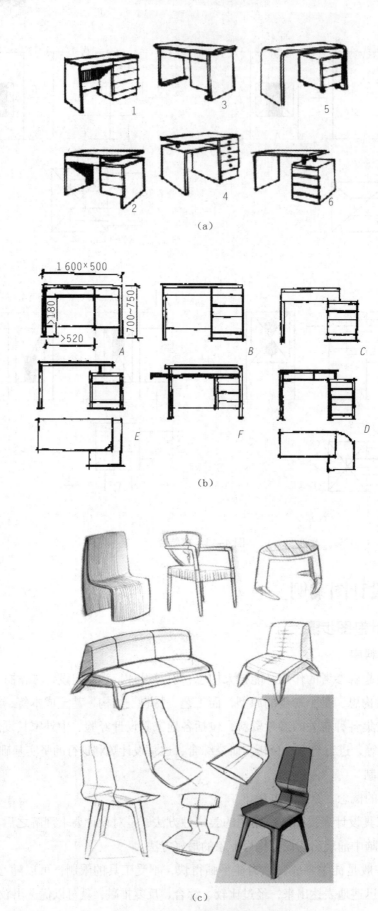

图 4-12 家具方案草图绘制

3. 家具方案设计

家具方案图包括用墨线绘制的三视图和透视效果图，这个阶段是进一步将构思的草图和搜集的设计资料融为一体，使之进一步具体化的过程。由构思方案开始直到完成设计模型，经过反复研究与讨论，不断修正，才能获得较为完善的设计方案。设计者对于设计要求的理解、选用的材料、结构方式，以及在此基础上形成的造型形式，它们之间矛盾的协调、处理、解决，设计者艺术观点的体现，等等，最后都要通过设计方案的确定全面地得到反映。

家具方案应包括以下几方面的内容：①以家具制图方法表现出来的三视图、剖视图、局部详图和透视效果图。②设计的文字说明。③模型，以此向委托者征求对设计的意见。设计方案的数量可视具体要求而定。如果只用图纸和文字说明足以满足要求，能够较全面地表达设计者的意图，模型也可省略。

（1）家具三视图绘制。

三视图，即按比例以正投影法绘制的正立面图、侧立面图和俯视图。三视图应解决的问题是：第一，家具造型的形象按照比例绘出，要能看出它的体型、状态，以进一步解决造型上的不足与矛盾；第二，要能反映主要的结构关系；第三，家具各部分所使用的材料要明确。

（2）家具透视效果图绘制。

透视效果图是表现家具的直观立体图，可以是单体、组合体，也可与环境结合画成综合透视图，它阐述了如何在平面上运用点和线来表现空间形象，使之符合人们的视觉，具有真实与生动的效果。家具透视效果图表现方法上主要有两种：一是以理性写实表现方法；二是感性的绘画表现方法。

图4-13、图4-14所示为衣柜的三视图和透视效果图。图4-15所示为以感性的绘画表现方法绘制的家具透视效果图。

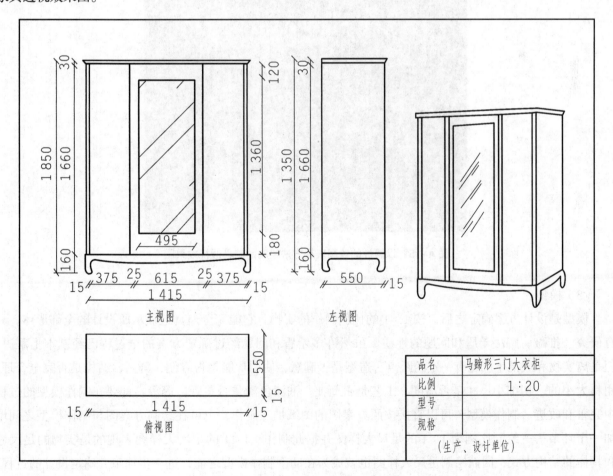

图4-13 家具方案设计——三视图和透视效果图（单位：mm）

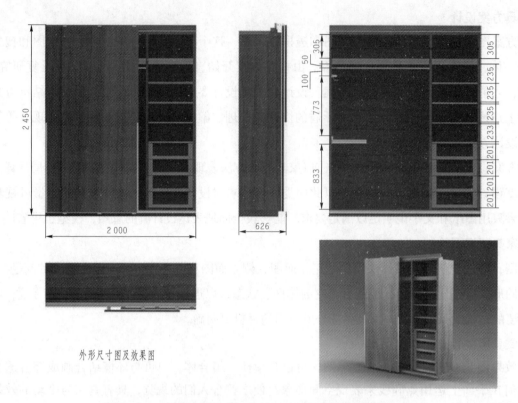

外形尺寸图及效果图

图 4-14　家具方案设计——外形尺寸图及效果图（单位：mm）

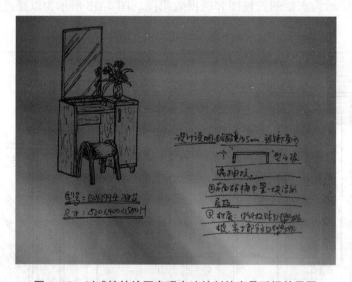

图 4-15　以感性的绘画表现方法绘制的家具透视效果图

（3）模型。

模型是设计方案确定之后，按 1∶1 的比例制作的实物，它能完全逼真地显示所设计的全部形体，具有研究、推敲、解决矛盾和问题的性质。虽然许多矛盾和问题经过确定方案的全过程已经基本上解决，但是离实物和成批生产还有一定的距离。造型是否满意，使用功能是否方便、舒适，结构是否完全合理，用料大小的一切细小尺寸是否适度，工艺是否简便，油漆色泽是否美观，等等，都要在制作模型的过程中完善和改进。制作模型，可以直接按照方案图的图纸加工制作，也可在绘制方案图与制作模型之间增加一个环节——绘制比例为 1∶1 的足尺大样图并据此制作。1∶1 的足尺大样图表现的是实物的足尺寸和具体的结构方式，因而绘制足尺大样图也就成为在动手制作模型之前，进一步加工、确定设计的过程。绘制足尺大样图有利于对比模型制作后的效果。足尺大样图是以三视图的方式绘制的，三视图可分开用

3张纸画，也可重叠在一起以红、蓝、黑3种颜色区别3种视图的方法画。

如果制作出来的模型比较完美，没有什么要修改，则模型便成为产品的样品（如有问题就需修改重做）。产品的样品是设计的终点，样品应具备批量生产成品的一切条件。它是绘制施工图、编制材料表、制定加工工序的依据，也是进行质量检查、确定生产成本的依据，总之，是生产的依据。

计划与实施

（1）在图纸上完成家具图形图样表达后，思考还有哪些图样表达形式。

（2）收集一套家具产品图样并加以分析，判断它的图样表达方式主要有哪些。

（3）为某一家具生产企业设计木质家具产品设计，图纸规格为A3，按照家具设计制图的步骤完成。

①工作准备。

设备与工具：计算机及其辅助设计，手工绘图工具等。

材料：A3图纸若干张，绘图铅笔等。

②实际操作。

a. 利用各种平台搜集家具设计所需要的资料：（a）收集各种家具设计经验、国内外家具科技信息与动态、设计图集等；（b）参观家具展览或实物测绘分析实际效果；（c）国内外情况调查；等等。

b. 方案草图绘制。结合所收集的各种信息资料，采用徒手的方法将模糊的、尚不具体的形象加以明确和具体化，并用草图的形式记录下来。

c. 方案设计。方案草图和示意模型经过设计小组多次讨论研究，按设计意图通过综合性的思考后，按一定比例以正投影法绘制三视图和必要的结构图，用绘图工具完成图纸的绘制。

d. 模型的制作。模型是设计方案确定之后，按1：1的比例制作的实物，它能完全逼真地显示所设计的全部形体。

③资料汇总。经小组讨论研究决定后，将所有资料文件汇总，装订成册，递交家具生产企业会审，打样。

评价反馈

1. 自我评价

（1）是否熟悉家具图形图样表达方式的定义？　　　　　　　　　　　　　　　　　□是 □否

（2）是否熟练掌握家具图形图样表达方式的种类？　　　　　　　　　　　　　　　□是 □否

（3）收集两种以上家具图形，是否能够说出它们的图形图样表达方式？　　　　　□是 □否

（4）是否熟悉家具设计制图的步骤过程？　　　　　　　　　　　　　　　　　　　□是 □否

（5）是否了解资料收集的方式方法及种类？　　　　　　　　　　　　　　　　　　□是 □否

（6）结合实际条件，能否独立完成家具设计制图？　　　　　　　　　　　　　　　□是 □否

2. 小组评价

（1）对家具设计制图的步骤过程是否熟悉？　　　　　　　　　　　　　　　　　　□是 □否

（2）能否结合实际条件，合理选用家具设计制图的方法？　　　　　　　　　　　　□是 □否

（3）能否按照国家制图标准要求，制定出标准的家具设计图纸？　　　　　　　　　□是 □否

参评人员（签名）：＿＿＿＿＿＿＿＿＿＿

3. 教师评价

教师总体评价：

参评人员（签名）：_____ 年 月 日

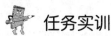 **任务实训**

收集 2~3 家家具生产企业家具设计资料（可实地考察或上网查阅），分析它们的图样与国家制图标准的区别。

作 业

（1）简述家具设计制图步骤。
（2）家具资料收集方法主要有哪些？
（3）家具图形图样表达形式主要有哪几类？
（4）独立完成一类家具产品的设计图纸。

学习任务 4.2　建筑设计图绘制

学习目标

（1）掌握建筑施工图的相关标准、图示特点、建筑施工图中常用符号和图例。
（2）掌握建筑总平面图的图示要求。
（3）掌握建筑平面图、立面图、剖面图、详图的形成以及表示方法。

应知理论

（1）建筑的分类、建筑的组成及其作用、建筑设计图的分类和内容。
（2）建筑总平面图示内容体系。
（3）建筑平面图、立面图、剖面图、详图的作用及其图示内容。

应会技能

（1）能独立阅读建筑施工图并熟悉施工图绘制步骤。
（2）能按照图样的比例、图例及有关的文字说明独立阅读建筑总平面图例。
（3）能独立阅读平面图、立面图、剖面图、详图的内容，掌握读图方法及绘图步骤。

4.2.1　建筑设计图种类

4.2.1.1　建筑的分类

房屋建筑根据使用功能和使用对象的不同，可以分为公共建筑、居住建筑、工业建筑、农业建筑等很多种类。

1. 公共建筑

公共建筑是供人们进行各种社会活动的公共活动建筑，在建造中要求保证公众使用的安全性、合理性和社会管理的标准性。它除了要保证满足技术条件外，还必须严格地遵循一些标准、规范与限制。公共建筑主要包括以下几类。

办公建筑：机关、企事业单位办公楼等。
文教建筑：学校、图书馆、文化馆等。
托教建筑：托儿所、幼儿园等。
科研建筑：研究所、科学实验楼等。
医疗建筑：医院、门诊部、疗养院等。
商业建筑：商店、商场、购物中心等。
观览建筑：电影院、剧院、音乐厅、杂技场等。
体育建筑：体育馆、体育场、健身房、游泳池等。
旅馆建筑：旅馆、宾馆、酒店、招待所等。
交通建筑：航空港、水路客运站、火车站、汽车站、地铁站等。
广播建筑：电信楼、广播电视台、邮局等。
园林建筑：公园、动物园、植物园、城市园景、亭台楼榭等。
纪念建筑：纪念堂、纪念碑、陵园等。

2. 居住建筑

居住建筑是人们生命活动的重要建筑，它更关注的是体现人们个性化的生活理念，创造一个科学的、最合适的居住环境，最大限度地提高人们的生活质量。居住建筑包括以下几类。

适用型居所：达到社会基本生活水平和满足日常生活需要的住所。
休闲型居所：除了满足生活外，还要求满足精神生活的享受。
综合型居所：具有社交活动的居住建筑。
投资型居所：用于投资的物业。

3. 工业建筑

工业建筑是为工业生产服务的各类建筑，如生产车间、辅助车间、动力用房、仓储建筑等。

4. 农业建筑

农业建筑是用于农业、牧业生产和加工用的建筑，如温室、畜禽饲养场、粮食与饲料加工站、农机修理站等。

4.2.1.2 建筑的组成及其作用

各种使用功能的建筑，尽管它们在使用要求、空间组合、外形处理、结构形式、构造方式以及规模大小等方面各有特点，但其基本的组成内容是相似的。建筑的基本构配件通常有：基础、墙（柱、梁）、楼板层和地面、屋面、楼梯、门和窗等。

房屋建筑的组成如图4-16所示。楼房的第一层称为首层（或称一层或底层），往上称二层、三层……顶层，这是由楼板分隔而成的。屋面、楼板是房屋的水平承重构件，它将楼板上的各种荷载传递到墙或梁上，再由墙或梁传给基础。屋面是房屋顶部的围护和承重构件。墙是房屋的垂直构件，起着防止风、沙、雨、雪和阳光的侵蚀或干扰的作用，还可起到分隔房屋内部水平空间的作用。按受力情况划分，墙可分为承重墙和非承重墙；按所处位置划分，墙可分为内墙和外墙、纵墙和横墙。楼梯是房屋的垂直交通设施，走廊是房屋的水平交通设施。门是联系房屋的内外交通，窗主要用于采光、通风和眺望。门、窗又都起着分隔和围护的作用。除此以外，房屋中还有起着排水作用的构件，如天沟、雨水管、散水、明沟等；起着保护墙身作用的构件，如勒脚、防潮层等。

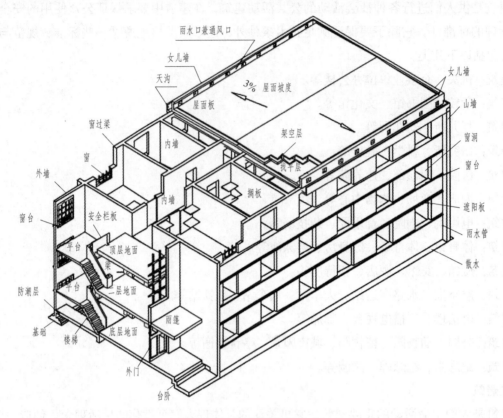

图 4-16　房屋建筑的组成

4.2.2　建筑设计图案例

4.2.2.1　建筑设计制图的分类和内容

房屋的建造一般需经设计和施工两个过程，设计过程又分为初步设计和施工图设计两个阶段。但对一些技术上复杂而又缺乏设计经验的工程，还应在初步设计阶段基础上增加技术设计（或称扩大初步设计）阶段，以此作为协调各工种的矛盾和绘制施工图的准备。不同的设计阶段对图纸有不同的要求，施工图要求从满足施工要求的角度出发，提供完整详实的资料。所以，我们按照国家标准的规定，用正投影方法画出的一幢拟建房屋的内外形状和大小，以及各部分的结构、构造、装修、设备等内容，并达到能够指导施工的图样称为房屋施工图。

初步设计的目的，是提出方案，说明该建筑的平面布置、立面处理、结构选型等。施工图设计则是为了修改和完善初步设计，以符合施工的需要。

1. 初步设计阶段

（1）设计前的准备。接受任务，明确要求，学习有关政策，收集资料，调查研究。

（2）方案设计。方案设计主要通过平面、剖面和立面等图样，把设计意图表达出来。

（3）绘制初步设计图。方案设计确定后，需进一步去解决构件的选型、布置和各工种之间的配合等技术问题，从而对方案作进一步的修改。图样用绘图仪器按一定比例绘制好后，送交有关部门审批。

①初步设计图的内容：总平面布置图，建筑平面图、立面图、剖面图。

②初步设计图的表现方法：绘图原理及方法与施工图一样，只是图样的数量和深度（包括表达的内容及尺寸）有较大的区别。同时，初步设计图图面布置可以灵活些，图样的表现方法可以多样些，例如

可画上阴影、透视、配景，或用色彩渲染，或用色纸绘画等，以加强图面效果，表示建筑物竣工后的外貌，以便比较和审查。必要时还可做出小比例的模型来表达。

图4-17所示为建筑初步设计图的示例。

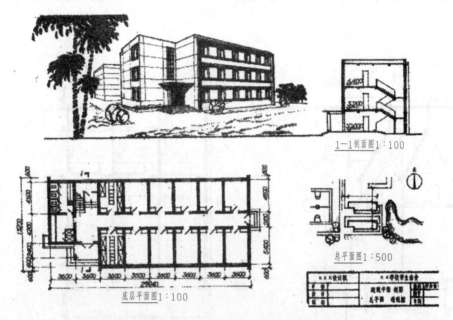

图4-17　建筑初步设计图示例

2. 施工图设计阶段

施工图设计主要是将已经批准的初步设计图按照施工的要求予以具体化，为施工安装、编制施工预算、安排材料、设备和非标准构配件的制作等提供完整、正确的图纸依据。

一套完整的施工图，根据其专业内容或作用的不同，一般分为以下几部分。

（1）图纸目录：对全套图纸内容进行罗列和索引。先列新绘制的图纸，后列所选用的标准图纸或重复利用的图纸。

（2）设计总说明（即首页）：内容一般应包括：施工图的设计依据；本工程项目的设计规模和建筑面积；本项目的相对标高与总图绝对标高的对应关系；室内、室外的用料说明，如砖标号、砂浆标号、墙身防潮层、地下室防水、屋面、勒脚、散水、台阶、室内外装修等做法（可用文字说明或用表格说明，也可直接在图上引注或加注索引符号）；采用新技术、新材料或有特殊要求的做法说明；门窗表（如门窗类型、数量不多时，可在个体建筑平面图上列出）。对于简单的工程，以上各项内容可分别在各专业图纸上写成文字说明。

（3）建筑施工图（简称建施图）：包括总平面图、平面图、立面图、剖面图和构造详图。

（4）结构施工图（简称结施图）：包括结构平面布置图和各构件的结构详图。

（5）设备施工图（简称设施图）：包括给水排水、采暖通风、电气等设备的布置平面图和详图。

4.2.2.2　施工图的图示特点

（1）施工图中的各图样，主要是用正投影法绘制的。通常，在 H 面上作平面图，在 V 面上作正、背立面图，在 W 面上作剖面图或侧立面图。在图幅大小允许下，可将平面图、立面图、剖面图3个图样，按投影关系画在同一张图纸上，以便于阅读，如图4-18、图4-19所示。如果图幅过小，平面图、立面图、剖面图可分别单独画出。平面图、立面图和剖面图（简称"平、立、剖"）是建筑施工图中最重要的图样。

室内设计制图

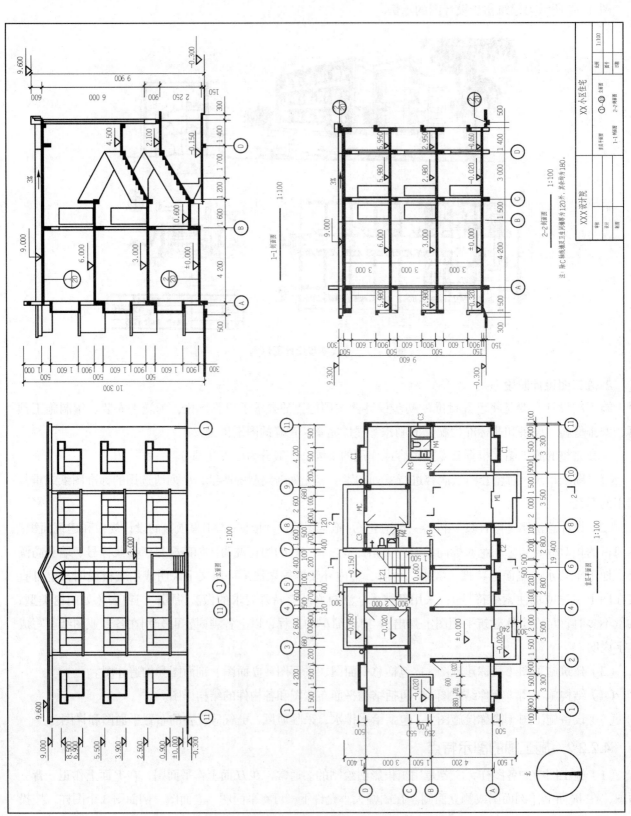

图 4-18 住宅建筑施工图示例 1

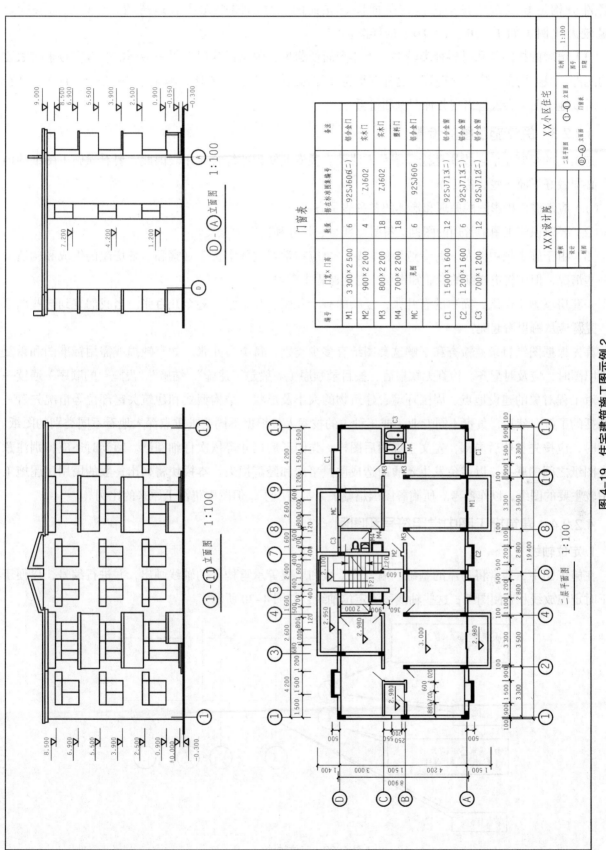

图 4-19 住宅建筑施工图示例 2

（2）房屋形体较大，所以施工图一般都用较小比例（如1∶200、1∶100）绘制。由于房屋内各部分构造较复杂，在小比例的平面图、立面图、剖面图中无法表达清楚，所以还需要配以大量较大比例（如1∶20、1∶10）的详图。

（3）房屋的构配件和材料种类较多。为作图简便起见，国家标准规定了一系列的图形符号来代表建筑构配件、卫生设备、建筑材料等，这种图形符号称为图例；为读图方便，国家标准还规定了许多标注符号。所以施工图上会大量出现各种图例和符号。

4.2.2.3 阅读施工图的步骤

施工图的绘制是前述投影理论和图示方法及有关专业知识的综合应用。因此，要看懂施工图纸的内容，必须做好下面一些准备工作。

（1）应掌握作投影图的原理和形体的各种表示方法。

（2）要熟识施工图中常用的图例、符号、线型、尺寸和比例的意义。

（3）由于施工图中涉及一些专业上的问题，故应在学习过程中善于观察和了解房屋的组成和构造上的一些情况，但应将更详细的专业知识留待专业课程中学习。

一套房屋施工图纸，简单的有几张，复杂的有十几张、几十张，甚至几百张。当我们拿到这些图纸时，究竟应从哪里看起呢？

首先根据图纸目录，检查和了解这套图纸有多少类别，每类有几张。如有缺损或需用标准图和重复利用旧图时，应及时配齐。检查无缺损后，按目录顺序（一般是"建施""结施""设施"的顺序）通读一遍，对工程对象的建设地点、周围环境、建筑物的大小及形状、结构型式和建筑关键部位等情况先有一个概括的了解。然后，负责不同专业（或工种）的技术人员根据不同要求重点深入地看不同类别的图纸。阅读时，应按先整体后局部，先文字说明后图样，先图形后尺寸等依次仔细阅读。阅读时还应特别注意各类图纸之间的联系，以避免发生矛盾而造成质量事故和经济损失。本模块将列出一般的民用房屋施工图中较主要的图纸，以作参考。所附各图因篇幅关系都缩小了，但图中仍注上原来的比例。

4.2.2.4 建筑施工图中常用符号和图例

1. 定位轴线

在施工图中，通常将房屋的基础、墙、柱、墩和屋架等承重构件的轴线画出，并进行编号，以便于施工时定位放线和查阅图纸，这些轴线称为定位轴线，如图4-20所示。

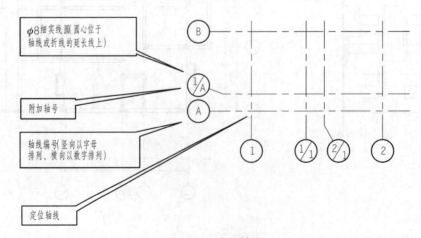

图4-20 定位轴线

根据国家标准规定，定位轴线采用细点划线表示，轴线编号的圆圈用细实线，直径一般为8mm，详图上为10mm，在圆圈内写上编号。在平面图上水平方向的编号采用阿拉伯数字，从左向右依次编写（例如图4-18是由1到11);垂直方向的标号,用大写拉丁字母自下而上顺序编写(如图4-18是由A到D)。拉丁字母中I、O及Z 3个字母不得作轴线编号,以免与数字1、0、2混淆。在较简单或对称的房屋中,平面图的轴线编号一般标注在图形的下方及左侧。较复杂或不对称的房屋,图形上方和右侧也可标注。

对于一些与主要承重构件相联系的次要构件,它的定位轴线一般作为附加轴线,编号可用分数表示。分母表示前一轴线的编号,分子表示附加轴线的编号,编号宜用阿拉伯数字顺序编写,如图4-21所示。在画详图时,如一个详图适用于几个轴线时,应同时将各有关轴线的编号注明,如图4-23所示。

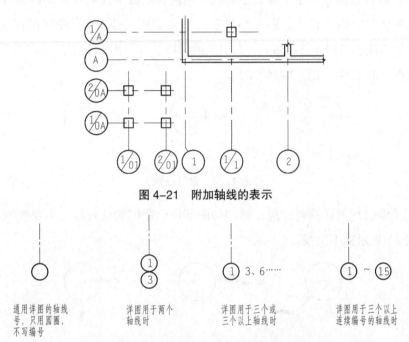

图4-21 附加轴线的表示

图4-22 一个详图适用于几个轴线的表示

2. 标高符号

在总平面图、平面图、立面图和剖面图上,经常用标高符号表示某一部位的高度。各图上所用标高符号应按图4-23(a)所示形式以细实线绘制。图4-23(b)所示为具体的画法。标高数值以米为单位,一般注至小数点后三位数(总平面图中为两位数)。在建筑施工图中的标高数字表示其完成面的数值。如标高数字前有负号,表示该处完成面低于零点标高。如数字前没有负号,则表示高于零点标高。如同一位置表示几个不同标高时,数字可按图4-23(c)所示的形式注写。

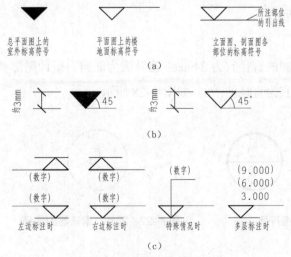

图4-23 标高符号
(a)标高符号的形式;(b)标高符号的具体画法;(c)立面图与剖面图上标高符号注法

3. 索引符号与详图符号

为方便施工时查阅图样,在图样中的某一局部或构件,如需另见详图时,常常用索引符号注明画出详图的位置、详图的标号,以及详图所在的图纸编号,例如图4-18中1-1、2-2剖面图上的索引符号。按国家标准规定,标注方法如下。

(1)索引符号:用一引出线指出要画详图的地方,在线的另一端画一个细实线圆,其直径为10mm。引出线应对准圆心,圆内过圆心画水平线,上半圆中用阿拉伯数字注明该详图的编号,下半圆中用阿拉伯数字注明该详图所在图纸的图纸号[见图4-24(a)]。如详图与被索引的图样同在一张图纸内,则在下半圆中间画一水平细实线[见图4-24(b)]。索引出的详图,如采用标准图,应在索引符号水平直径的延长线上加注该标准图册的编号[见图4-24(c)]。

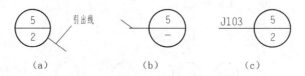

图4-24 索引符号

当索引符号用于索引剖面详图时,应在被剖切的部位绘制剖切位置线。引出线所在一侧应为剖视方向,例如图4-25(a)表示向下剖视。

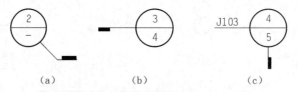

图4-25 用于索引剖面详图的索引符号

(2)详图符号:本符号表示详图的位置和编号,它用一粗实线圆绘制,直径为14mm。详图与被索引的图样同在一张图纸内时,应在符号内用阿拉伯数字注明详图编号,如不在同一张图纸内,可用细实线在符号内画一水平直径,在上半圆中注明详图编号,在下半圆中注明被索引图纸号(见图4-26),也可不注被索引图纸的图纸号。

(3)零件、钢筋、杆件、设备等的编号:本编号应用阿拉伯数字按顺序编写,并应以直径为6mm的细实线圆绘制。如图4-27所示。

4. 指北针

指北针用细实线绘制,圆的直径宜为24mm。指针尖为北向,指针尾部宽度宜为3mm。需用较大直径绘指北针时,指针尾部宽度宜为直径的1/8。如图4-28所示。

图4-26 详图符号　　　图4-27 零件、钢筋等的编号　　　图4-28 指北针

5. 常用建筑材料图例

常用建筑材料图例见表 4-3。

表 4-3　常用建筑材料图例

名称	图例	说明
自然土壤		包括各种自然土壤
夯实土壤		包括各种回填土
砂、灰土	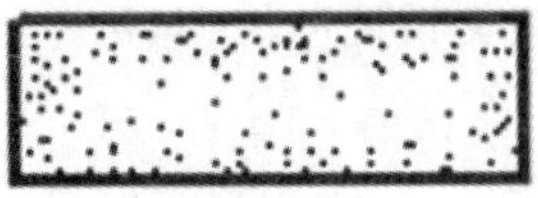	靠近轮廓线绘较密的点
普通砖		1. 包括实心砖、多孔砖、砌块等砌体 2. 断面较窄，不易画出图例线时，可涂红（在透明纸上），或空白
饰面砖		
混凝土	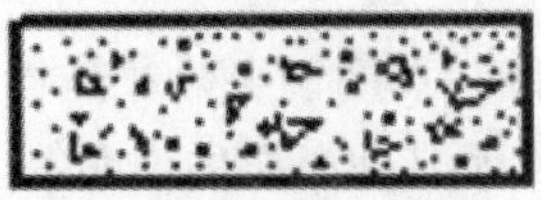	1. 本图例仅适用于能承重的混凝土或钢筋混凝土 2. 包括各种强度等级、骨料、添加剂的混凝土 3. 在剖面图上画出钢筋时，不画图例线 4. 断面图形小，不易画出图例线时，可涂黑
钢筋混凝土		
毛石		
木材	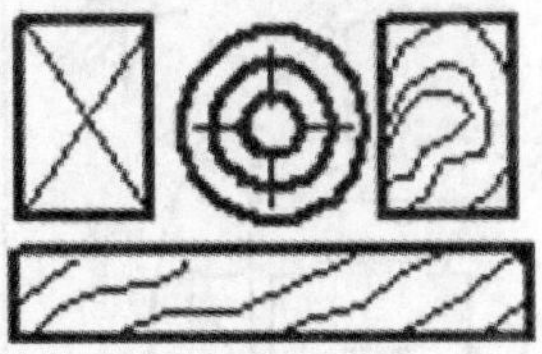	1. 上图为横断面图，左上图为垫木、木砖或木龙骨 2. 下图为纵断面图
金属		1. 包括各种金属 2. 图形小时可涂黑
防水材料		构造层次多或比例较大时，采用上面图例
粉刷层		本图例采用较稀的点

4.2.2.5 建筑总平面图

建筑总平面图亦称"总体布置图"或"总平面布置图",用以表示建筑物(构筑物)的方位、间距,以及道路网、绿化、竖向布置和基地临界情况等。它是按一般规定比例,将拟建工程四周一定范围内的新建、拟建、原有和拆除的建筑物、构筑物连同其周围的地形地物状况,用水平投影方法和相应的图例所画出的图样。它能反映出上述建筑的平面形状、位置、朝向和与周围环境的关系,因此成为新建筑的施工定位、土方施工,以及绘制水、暖、电等管线总平面图和施工总平面图的重要依据。

1. 建筑总平面图图示内容

(1)标出测量坐标网(坐标代号宜用"X""Y"表示)或施工坐标网(坐标代号宜用"A""B"表示)。

(2)新建筑(隐蔽工程用虚线表示)的定位坐标(或相互关系尺寸)、名称(或编号)、层数及室内外标高。

(3)相邻有关建筑、拆除建筑的位置或范围。

(4)附近的地形地物。如等高线、道路、水沟、河流、池塘、土坡等。

(5)道路(或铁路)和明沟等的起点、变坡点、转折点、终点的标高与坡向箭头。

(6)指北针或风向频率玫瑰图。

(7)建筑物使用编号时,应列出名称编号表。

(8)绿化规划、管道布置。

(9)主要技术经济指标表。

(10)说明栏内注写:尺寸单位、比例、地形图的测绘单位、日期,坐标及高程系统名称(如为场地建筑坐标网时,应说明其与测量坐标网的换算关系),补充图例及其他必要的说明等。

上面所列内容,并非在任何工程设计中都缺一不可,而应根据工程的特点和实际情况而定。如对一些简单的工程,可不画出等高线、坐标网或绿化规划和管道的布置等。

2. 建筑总平面图图例

现以图 4-29 为例,说明阅读总平面图时应注意的几个问题。

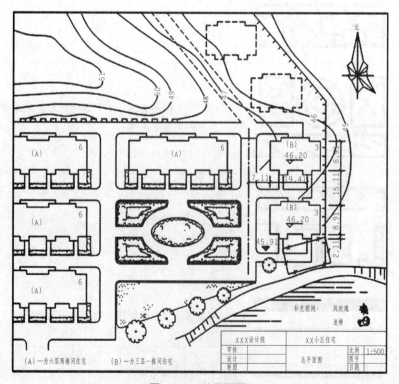

图 4-29 总平面图

（1）先看图样的比例、图例及有关的文字说明。总平面图因包括的地方范围较大，所以绘制时都用较小的比例，如 1：2 000、1：1 000、1：500 等。总平面图上标注的尺寸，一律以"米"为单位，一般注至小数点后两位，不足的以 0 补齐。图中使用较多的图例符号，我们必须熟知它们的意义。国家标准所规定的常用图例见表 4-4。在较复杂的总平面图中，若用到一些国家标准没有规定的图例，必须在图中另加说明。

表 4-4 总平面图常用图例（部分）

位置	图例	说明
新建的建筑图	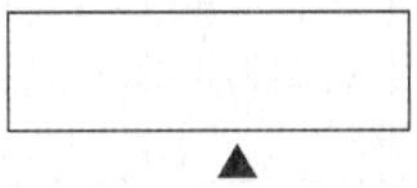	1. 用粗实线表示，可用▲表示入口 2. 需要时，可在右上角以点数或数字（高层宜用数字）表示层数
原有的建筑图	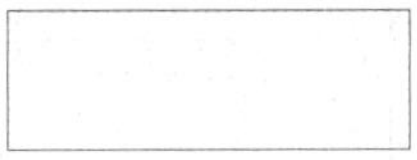	1. 在设计图中拟利用者，均应编号说明 2. 用细实线表示
计划扩建的预留地或建筑物		用中粗虚线表示
拆除的建筑物	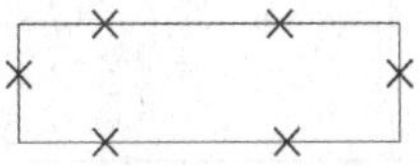	用细实线表示
围墙及大门	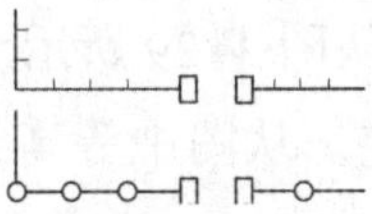	上图为实体性质的围墙 下图为通透性质的围墙 仅表示围墙时不画大门
坐标	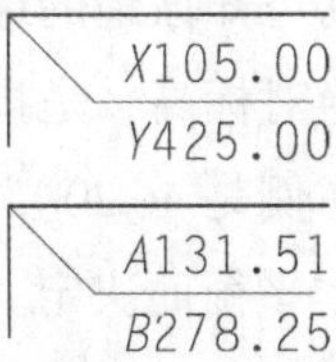 X105.00 Y425.00 A131.51 B278.25	上图表示测量坐标 下图表示建筑坐标
护坡	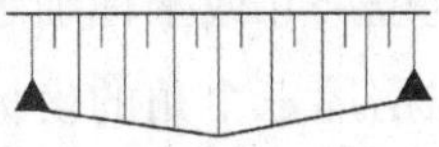	边坡较长时，可在一端或两端局部表示
原有的道路	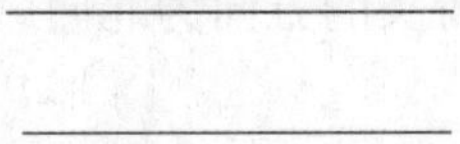	
计划扩建的道路		
新建的道路	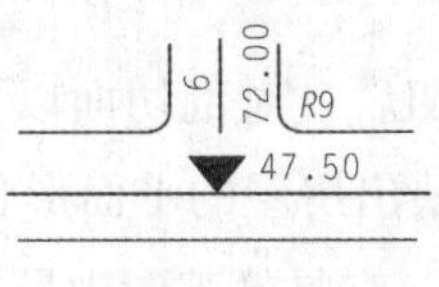 6 72.00 R9 ▼47.50	"R9"表示道路转弯半径为 9m；"47.50"为路面中心标高；"6"表示 6%，为纵向坡度；"72.00"表示变坡点间距离

续表

位置	图例	说明
桥梁		1. 上图表示公路桥 下图表示铁路桥 2. 用于旱桥应注明
绿化乔木		左图为常绿针叶乔木 右图为常绿阔叶乔木
挡土墙		被挡的土在短线的一侧
花坛		
草坪		

（2）了解工程的性质、用地范围和地形地物等情况。从图4-29所示总平面图的图名和图中各房屋所标注的名称可知，拟建工程是某小区内两幢相同的住宅。从图中等高线所注写的数值可知，该地势是自西北向东南倾斜。

（3）从图中所注写的室内（底层）地面和等高线的标高可知该地的地势高低、雨水排泄方向，并可计算填挖土方的数量。图中所注数值均为绝对标高。所谓绝对标高，是指以我国青岛市外的黄海海平面作为零点而测定的高度尺寸。房屋底层室内地面的标高（本例是46.20），是根据拟建房屋所在位置的前后等高线的标高（图中是45和47），并估算到填挖土方基本平衡而决定。如果图上没有等高线，可根据原有房屋或道路的标高来确定。注意室内外地坪标高标注符号的不同。

（4）明确新建房屋的位置和朝向。房屋的位置可用定位尺寸或坐标确定。定位尺寸应注出与原建筑物或道路中心线的联系尺寸。用坐标确定位置时，宜注出房屋三个角的坐标。房屋与坐标轴平行时，可只注出其对角坐标。从图上所画的风向频率玫瑰图，可确定该房屋的朝向。风向频率玫瑰图一般画出十六个方向的长短线来表示该地区常年的风向频率。有箭头的方向为北向。图中所示该地区全年最高频率的风向为北风。

（5）从图中可了解到周围环境的情况。如新建筑的东向有一池塘，池塘的南向有一护坡，护坡下有一排水沟，护坡中间有一台阶，以作上下交通之用；东南角有一个待拆的房屋；西北向有两个篮球场；东北角有一围墙；周围还有写上名称的原有和拟建房屋、道路等。

4.2.2.6 建筑平面图

假想用一水平的剖切面沿着门窗洞的位置将房屋剖切后，对剖切面以下部分所作出的水平剖面图，即为建筑平面图，如图4-30所示，简称为平面图。它反映出房屋的平面形状、大小和房间的布置，墙或柱的位置、大小、厚度和材料，门窗的类型和位置等情况。它是施工图中最基本的图样之一。

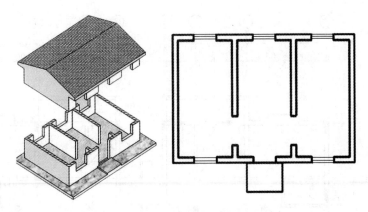

图 4-30　建筑平面图的形成

1. 建筑平面图图示方法及作用

一般来说，房屋有几层，就应画出几个平面图，并在图的下方注明相应的图名，如首层平面图、二层平面图等。此外，还有屋面平面图，即房屋顶面的水平投影，一般可适当缩小比例绘制（对于较为简单的房屋可不画出）。习惯上，当上、下楼层的房间数量、大小和布置都一样时，相同的楼层可用一个平面图表示，称为标准层平面图。建筑平面图左右对称时，亦可将两层平面画在同一个图上，左边画出一层的一半，右边画出另一层的一半，中间用一对称符号作分界线，并在图的下方分别注明图名。有时，根据工程性质及复杂程度，可绘制夹层、高窗、顶棚、预留洞等局部放大平面图。建筑平面较长、较大或为组合形式时，可分段绘制，并在每个分段平面的右侧绘出整个建筑外轮廓的缩小平面，明显表示该段所在位置。

平面图上的断面，当比例大于 1∶50 时，应画出其材料图例和抹灰层的面层线。当比例为 1∶100~1∶200 时，抹灰层面层线可不画，而断面材料图例可用简化画法（如砖墙涂红色，钢筋混凝土涂黑色等）。

2. 建筑平面图图示内容

（1）表示墙、柱、墩、内外门窗位置及编号、房间的名称或编号、轴线编号。

（2）注出室内外的有关尺寸及室内楼、地面的标高（底层地面为 0.000）。

（3）表示电梯、楼梯位置，楼梯上下方向及主要尺寸。

（4）表示阳台、雨篷、踏步、斜坡、通气竖道、管线竖井、烟囱、消防梯、雨水管、散水、排水沟、花池等位置及尺寸。

（5）画出卫生器具、水池、工作台、厨、柜、隔断及重要设备位置。

（6）表示地下室、地坑、地沟、各种平台、阁楼（板）、检查孔、墙上留洞、高窗等位置的尺寸与标高。如果是隐蔽的或在剖切面以上部位的内容，应用虚线表示。

（7）画出剖面图的剖切符号及编号（一般只注在底层平面）。

（8）标注有关部位节点详图的索引符号。

（9）在底层平面图附近画出指北针（一般取上北下南）。

（10）屋面平面图一般内容有：女儿墙、檐沟、屋面坡度、分水线与落水口、变形缝、楼梯间、水箱间、天窗、上人孔、消防梯及其他构筑物、索引符号等。

以上所列内容，可根据具体项目的实际情况进行取舍。

3. 建筑平面图图示实例

现以图 4-31 所示的建筑平面图为例，说明建筑平面图的内容及其阅读方法。

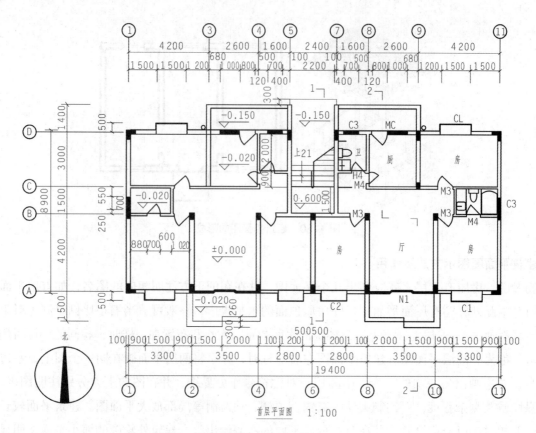

图 4-31 建筑平面图

（1）从图名可了解该图是哪一层的平面图，以及该图的比例是多少。本例画的是首层平面图，比例是 1：100。

（2）在此首层平面图形外，画有一个指北针的符号。说明房屋的朝向。从图中可知，本例房屋坐北朝南。

（3）从平面图的形状与总长、总宽尺寸，可计算出房屋的用地面积。

（4）从图中墙的分隔情况和房间的名称，可了解到房屋内部各房间的配置、用途、数量及其相互间的联系情况。

（5）从图中定位轴线的编号及其间距，可了解到各承重构件的位置及房间的大小。本例的横向轴线为 1~11，竖向轴线为 A~D。此房屋是框架结构，图中轴线上涂黑的部分是钢筋混凝土柱。

（6）图中注有外部和内部尺寸。从各道尺寸的标注，可了解到各房间的开间、进深、外墙与门窗及室内设备的大小和位置。具体分析如下：

① 外部尺寸：为便于读图和施工，一般在图形的下方及左侧注写三道尺寸。

第一道尺寸，表示外轮廓的总尺寸，即指从一端外墙边到另一端外墙边的总长和总宽。

第二道尺寸，表示轴线间的距离，用以说明房间的开间及进深。

第三道尺寸，表示各细部的位置及大小，如门窗洞宽和位置、墙柱的大小和位置等。标注这道尺寸时，应与轴线联系起来。

另外，台阶（或坡道）、花池及散水等细部的尺寸，可单独标注。

三道尺寸线之间应留有适当距离（一般为 7~10mm，但第三道尺寸线应离图形最外轮廓线 10~15mm），以便注写数字。如果房屋前后或左右不对称，则平面图上四边都应注写尺寸。如有部分相同，另一些不相同，可只注写不同的部分。如有些相同尺寸太多，可省略不注出，而在图形外用文字说明（如各墙厚均为 240）。

② 内部尺寸：为了说明房间的净空大小和室内的门窗洞、孔洞、墙厚和固定设备（例如厕所、盥洗室、工作台、搁板等）的大小与位置，以及室内楼地面的高度，在平面图上应清楚地注写出有关的内部尺寸和楼地面标高。楼地面标高是表明各房间的楼地面对标高零点（注写 0.000）的相对高度。标高符号与总平面图中的室内地坪标高相同。本例首层地面定为标高零点（即相当于图 4-29 中室内地坪绝对标高 46.20）。而盥洗室地面标高是 -0.020，即表示该处地面比门厅地面低 20mm。

其他各层平面图的尺寸，除标注出轴线间的尺寸和总尺寸外，其余与首层平面相同的细部尺寸均可省略。

（7）从图中门窗的图例及其编号，可了解到门窗的类型、数量及其位置。国家标准所规定的各种常用门窗图例如图 4-32 所示（包括门窗的立面和剖面图例）。门的代号是 M，窗的代号是 C。在代号后面写上编号，如 M1、M2、……和 C1、C2、……同一编号表示同一类型的门窗，它们的构造和尺寸都是一样（在平面图上表示不出的门窗编号，应在立面图上标注）。从所写的编号可知门窗共有多少种。一般情况下，在首页图或在与平面图同页图纸上附有门窗表，表中列出了门窗的构造详图。

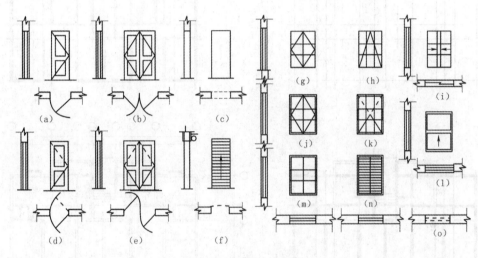

图 4-32 常用门窗图例

要注意的是，门窗虽然用图例表示，但门窗洞的大小及其型式都应按投影关系画出。窗洞有凸出的窗台时，应在窗的图例上画出窗台的投影。门窗立面图例按实际情况绘制。

图例中的高窗，是表示在剖切平面以上的窗，按投影关系是不应画出的。但为了表示其位置，往往在与它同一层的平面图上用虚线表示。门窗立面图例上的斜线及平面图上的弧线，表示门窗扇开关方向（一般在设计图上不需表示）。实线表示外开，虚线表示内开。在各门窗立面图例的下方为平面图，左方为剖面图。

（8）从图中还可了解其他细部（如楼梯、搁板、墙洞和各种卫生设备等）的配置和位置情况。有关图例如图 4-33 所示，其余可参看国家标准有关规定。

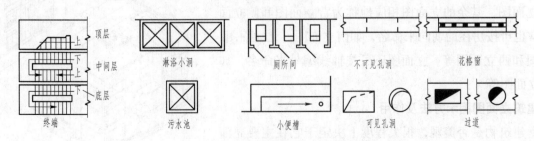

图 4-33 建筑平面图中部分细部图例

（9）图中还表示出室外台阶、花池，散水和雨水管的大小与位置。有时散水（或排水沟）在平面图上可不画出，或只在转角处部分表示。

（10）在首层平面图，画出剖面图的图例，见表4-3、表4-4等，以便与剖面图对照例查阅。

4. 建筑平面图的画法举例

平面图制图步骤如图4-34所示。

（1）定轴线，画墙身和柱。

（2）定门窗位置，画细部，如门窗洞、楼梯、台阶、卫生间、散水等。

（3）经过检查无误后，擦去多余的做图线，按施工图的要求加深图线，并注写轴线、尺寸、门窗编号、剖切符号、图名、比例及其他文字说明。图线的宽度b应根据图样的复杂程度和比例大小，按0.35~2mm范围选用。

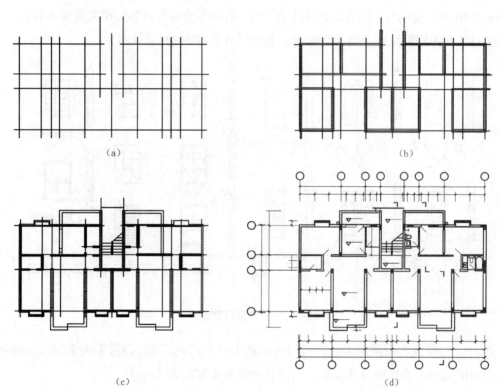

图4-34 平面图制图步骤

4.2.2.7 建筑立面图

在与建筑立面平行的投影面上所作的建筑正投影图，称为建筑立面图，简称立面图，如图4-35所示。其中反映主要出入口或比较显著地反映出房屋外貌特征的那一面的立面图，称为正立面图，其余的立面图相应地称为背立面图和侧立面图。通常也可按房屋的朝向来命名，如南立面图、北立面图、东立面图和西立面图等。立面图还可按轴线编号来命名，如①~⑪立面图等。

1. 建筑立面图图示方法及作用

一座建筑物是否美观，很大程度上决定于它在主要立面上的艺术处理，包括造型与装修是否美观。在设计阶段中，立面图主要是用来研究这种艺术处理的。在施工图中，它主

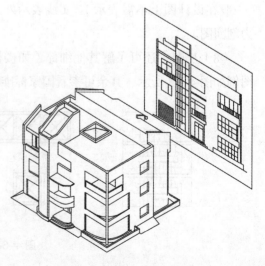

图4-35 建筑立面图的形成

要反映房屋的外貌和立面装修的一般做法。

按投影原理，立面图上应将立面上所有看得见的细部都表示出来。但由于立面图的比例较小，如门窗扇、檐口构造、阳台栏杆和墙面复杂的装修等细部，往往只用图例表示。它们的构造和做法都另有详图或文字说明。因此，习惯上对这些细部只分别画出一两个作为代表，其他都可简化，只画出它们的轮廓线。若房屋左右对称时，正立面图和背立面图也可各画一半，单独布置或合并成一图。合并时，应在图的中间画一竖直的对称符号作为分界线。

2. 建筑立面图图示内容

（1）画出室外地面线及房屋的勒脚、台阶、花台、门、窗、雨篷、阳台；室外楼梯、墙、柱；外墙的预留孔洞、檐口、屋顶（女儿墙或隔热层）、雨水管，墙面分格线或其他装饰构件等。

（2）注出外墙各主要部位的标高，如室外地面、台阶、窗台、门窗顶、阳台、雨篷、檐口、屋顶等处完成面的标高。一般立面图上可不注高度方向尺寸。但对于外墙留洞除注出标高外，还应注出其大小尺寸及定位尺寸。

（3）注出建筑物两端或分段的轴线及编号。

（4）标出各部分构造、装饰节点详图的索引符号。用图例或文字或列表说明外墙面的装修材料及做法。

3. 建筑立面图图示实例

现以图 4-31 所示建筑实例的立面图（见图 4-36）为例，说明立面图的内容及其阅读方法。

图 4-36　建筑立面图

（1）从图名或轴线的编号可知，该图是表示房屋南向的立面图。比例与平面图一样（1:100），以便对照阅读。

（2）从图上可看到该房屋的整个外貌形状，也可了解该房屋的屋顶、门窗、雨篷、阳台、台阶、花池及勒脚等细部的形式和位置。如主入口在中间，其上方有一联通窗（用简化画法表示）。各层均有阳台，在两边的窗洞左（右）上方有一小洞，为放置空调的预留孔。

（3）从图中所标注的标高可知，此房屋最低（室外地面）处比室内 0.000 低 300mm，最高（女儿墙顶面）处为 9.6m，所以房屋的外墙总高度为 9.9m。一般标高注在图形外，并做到符号排列整齐、大小一致。若房屋立面左右对称时，一般注在左侧。不对称时，左右两侧均应标注。必要时为了更清楚，可标注在图内（如正门上方的雨篷底面标高）。标高符号的注法及形式如图 4-23 所示。

（4）从图上的文字说明了解到房屋外墙面装修的做法。如东、西端外墙为浅红色马赛克贴面，中间阳台和梯间外墙面用浅蓝色马赛克贴面，窗洞周边、檐口及阳台栏板边等为白水泥粉面（装修说明也可在首页图中列表详述）。

（5）图中靠阳台边上分别有一雨水管。

4. 建筑立面图画法举例

建筑立面图制图步骤如图 4-37 所示。

（1）定室外地坪线、外墙轮廓线和屋面线。

（2）定门窗位置，画细部，如檐口、门窗洞、窗台、雨篷、阳台、雨水管等。

（3）经过检查无误后，擦去多余的做图线，按施工图的要求加深图线，画出少量门窗扇、装饰、墙面分格线、轴线，并标注标高，写图名、比例及有关文字说明。

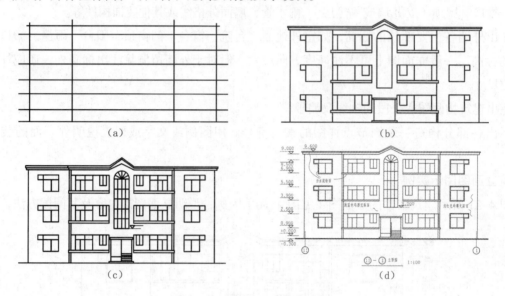

图 4-37　建筑立面图制图步骤

4.2.2.8　建筑剖面图

用一个或多个假想的垂直于外墙轴线的铅垂剖切面将房屋剖开，所得的投影图称为建筑剖面图，简称剖面图。剖面图的形成如图 4-38 所示。

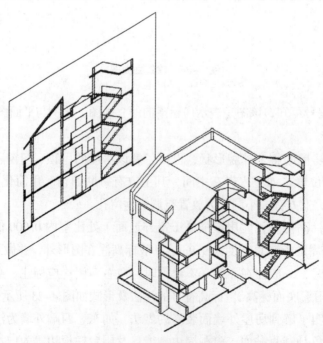

图 4-38　剖面图的形成

1. **建筑剖面图图示方法及作用**

剖面图用以表示房屋内部的结构或构造形式、分层情况和各部位的联系、材料及其高度等，是与平面图、立面图相互配合的不可缺少的重要图样之一。

剖面图的数量是根据房屋的具体情况和施工实际需要而决定的。剖切面一般横向，并平行于侧面；必要时也可纵向，并平行于正面。其位置应选择在能反映出房屋内部构造比较复杂与典型的部位，并应通过门窗洞。若为多层房屋，应选择通过楼梯间或在层高不同、层数不同的部位。剖面图的图名编号应与平面图上所标注剖切符号的编号一致，如1-1剖面图、2-2剖面图等。

剖面图中的断面，其材料图例与粉刷面层线和楼、地面面层线的表示原则及方法，与平面图的处理相同。

习惯上，剖面图中可不画出基础的大放脚。

2. **建筑剖面图图示内容**

（1）表示墙、柱及其定位轴线。

（2）表示室内底层地面、地坑、地沟、各层楼面、顶棚、屋顶（包括檐口、女儿墙，隔热层或保温层、天窗、烟囱、水池等）、门窗、楼梯、阳台、雨篷、留洞、墙裙、踢脚板、防潮层、室外地面、散水、排水沟及其他装修等剖切到或能见到的内容。

（3）标出各部位完成面的标高和高度方向尺寸。

（4）表示楼、地面各层构造。一般可用引出线说明。引出线指向所说明的部位，并按其构造的层次顺序，逐层加以文字说明。若另画有详图，或已有"构造说明一览表"，在剖面图中可用索引符号引出说明（如果是后者，习惯上这时可不作任何标注）。

（5）表示需画详图之处的索引符号。

3. **建筑剖面图图示实例**

现以图4-31所示建筑实例的1-1剖面图（见图4-39）为例，说明剖面图的内容及其阅读方法。

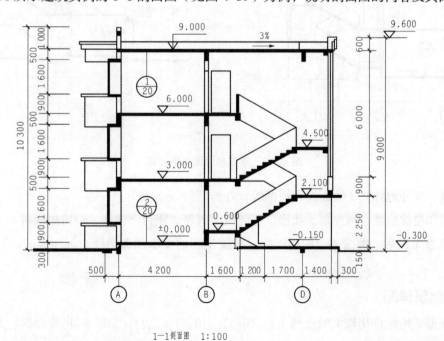

图4-39 建筑剖面图

（1）从图名和轴线编号与平面图上的剖切位置和轴线编号相对照，可知1-1剖面图是一个剖切平面通过楼梯间，剖切后向左进行投射所得的横向剖面图。

（2）从图中画出房屋地面至屋面的结构形式和构造内容可知，此房屋垂直方向承重构件（柱）和水平方向承重构件（梁和板）使用钢筋混凝土构成的，所以它属于框架结构的形式。

（3）图中标高都表示为与 ±0.000 的相对高度尺寸。如三层露面标高是从首层地面算起为 6.00m，而它与二层楼面的高差（层高）仍为 3.00m。图中只标注了门窗洞的高度尺寸。楼梯因另有详图，其详细尺寸也不在此注出。

（4）从图中标注的屋面坡度可知，该处为一单项排水屋面，其坡度为 3%（其他倾斜的地方，如散水、排水沟、坡道等，也可用此方法表示其坡度），箭头方向表示水流方向。

4. 建筑剖面图画法举例

建筑剖面图制图步骤如图 4-40 所示。

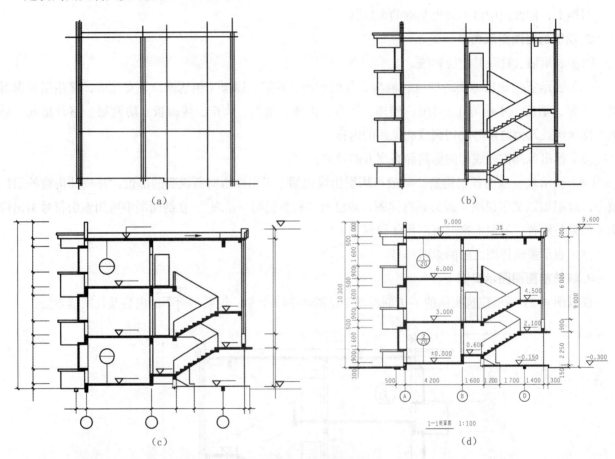

图 4-40 建筑剖面图制图步骤

（1）定轴线、室外地坪线、楼面线和顶棚线，并画墙身。

（2）定门窗和楼梯位置，画细部，如檐口、门窗、雨篷、阳台、屋面、台阶梁板等。

（3）经过检查无误后，擦去多余的做图线，按施工图的要求加深图线，标注标高，写图名、比例及有关文字说明。

4.2.2.9 建筑详图

对房屋的细部或构配件用较大的比例（1：20、1：10、1：2、1：1等），将其形状、大小、材料和做法按正投影图的画法详细地表示出来的图样，称为建筑详图，简称详图。

1. 建筑详图图示方法及作用

详图的图示方法，视细部的构造复杂程度而定。有时，只需一个剖面详图就能表达清楚（如墙身）；有时，还需另加平面详图（如楼梯间、卫生间等）或立面详图（如门、窗）；有时还要另加一张轴测图作为补充说明（本节所附轴测图是为学习时对应看图的需要而画出，一般施工图中可不画）。

详图的特点：一是比例较大；二是图示详尽清楚（表示构造合理，用料及做法适宜）；三是尺寸标注齐全。

详图数量的选择，与房屋的复杂程度及平面图、立面图、剖面图的内容及比例有关。现仅以外墙身详图、楼梯详图为例分别作介绍。

2.外墙身详图

外墙身详图实际上是建筑剖面图的局部放大图，它表达房屋的屋面、楼层、地面和檐口构造、楼板与墙的连接、门窗顶、窗台和勒脚、散水等处构造的情况，是施工的重要依据。

详图用较大的比例（如1：20）画出。多层房屋中，若各层的情况一样时，可只画底层、顶层或加一个中间层来表示。画图时，往往在窗洞中间处断开，形成几个节点详图的组合（见图4-41）。有时，也可不画整个墙身的详图，而是把各个节点的详图分别单独绘制。详图的线型要求与剖面图一样。

现以图4-41所示外墙剖面详图为例，说明外墙身详图的内容与阅读方法。

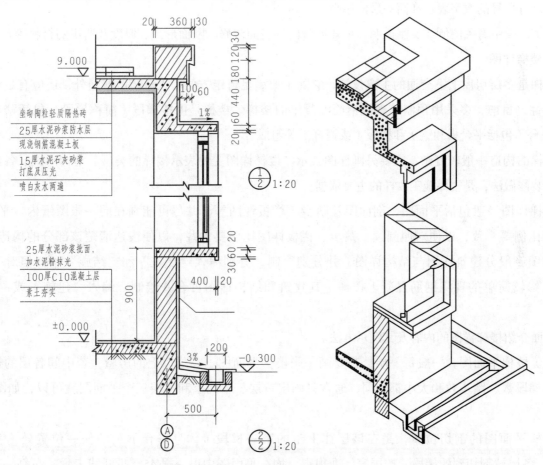

图4-41 外墙剖面详图

（1）根据剖面图的编号，对照图4-41所示平面图上相应的剖切符号，可知该剖面图的剖切位置和投影方向。

（2）在详图中，对屋面、楼层和地面的构造，采用多层构造说明方法来表示。

（3）从檐口部分可了解屋面的承重层、女儿墙、防水及排水的构造。在本详图中，屋面的承重层是预制钢筋混凝土空心板，按3%来砌坡，上面有油毡防水层和架空层，以加强屋面的防漏和隔热。檐口外侧做一天沟，并通过女儿墙所留孔洞（雨水口兼通风口），使雨水沿雨水管集中排流到地面。雨水管的位置和数量可从立面图或平面图中查阅。

（4）从楼板与墙身连接部分可了解各层楼板（或梁）的搁置方向，以及其与墙身的关系。图4-41中，预制钢筋混凝土空心板是平行纵向外墙布置的，因而它们是搁置在两端的横墙上。在每层的室内墙脚处需做一踢脚板，以保护墙壁，从图中的说明可看到其构造做法。踢脚板的厚度可等于或大于内墙面的粉刷层。如厚度一样时，在其立面投影中可不画出其分界线。

（5）从剖面图中还可看到窗台、窗过梁（或圈梁）的构造情况。窗框、窗扇的形状和尺寸，另有窗的详图表示。

（6）从勒脚部分可知房屋外墙的防潮、防水和排水的做法。外（内）墙身的防潮层一般是在底层室内地面下60mm左右（指一般刚性地面）处，以防地下水对墙身的侵蚀。在外墙面，离室外地面300~500mm高度范围内（或窗台以下），用坚硬防水的材料做成勒脚。在勒脚的外地面，用1∶2的水泥砂浆抹面，做出2%坡度的散水，以防雨水或地面水对墙基础的侵蚀。

（7）在详图中，一般应注出各部位的标高、高度方向和墙身细部的大小尺寸。图中标高注写有两个数字时，有括号的数字表示在高一层的标高。

（8）从图中有关图例或文字说明，可知墙身内外表面装修的断面形式、厚度及所用的材料等。

3. 楼梯详图

楼梯是多层房屋上下交通的主要设施，它除了要满足行走方便和人流疏散畅通外，还应有足够的坚固耐久性。目前，多采用预制或现浇钢筋混凝土的楼梯。楼梯是由楼梯段（简称梯段，包括踏步或斜梁）、平台（包括平台板和梁）和栏板（或栏杆）等组成。

楼梯的构造一般较复杂，需要另画详图表示。楼梯详图主要表示楼梯的类型、结构形式、各部位的尺寸及装修做法，是楼梯施工放样的主要依据。

楼梯详图一般包括平面图、剖面图及踏步、栏板详图等，并尽可能画在同一张图纸内。平面图、剖面图比例要一致，以便对照阅读。踏步、栏板详图比例要大些，以便表达清楚该部分的构造情况。楼梯详图一般分建筑详图与结构详图，并分别绘制，分别编入"建施"和"结施"中。但对一些构造和装修较简单的现浇钢筋混凝土楼梯，其建筑和结构详图可合并绘制，编入"建施"或"结施"均可。

下面介绍楼梯详图的内容及其图示方法。

（1）楼梯平面图。一般每一层楼都要画一张楼梯平面图。三层以上的房屋，若中间各层的楼梯位置及其梯段数、踏步数和大小都相同，通常只画出首层、中间层和顶层三个平面图就可以，如图4-42所示。

楼梯平面图的剖切位置，是在该层往上走的第一梯段（休息平台下）的任一位置处（参看图4-42）。各层被剖切到的梯段，按国家标准规定，均在平面图中以一根45°折断线表示。在每一梯段处画有一长箭头，并注写"上"或"下"和步级数，表明从该层楼（地）面往上或往下走多少步级可到达上（或下）一层的楼（地）面。例如，二层楼梯平面图中，被剖切的梯段的箭头注有"上20"，表示从该梯段往上走20步级可到达第三层楼面。另一梯段注有"下21"，表示往下走21步级可到达首层地面。各层平面图中还应标出该楼梯间的轴线，而且在首层平面图还应注明楼梯剖面图的剖切符号（例如图4-42中的3-3）。

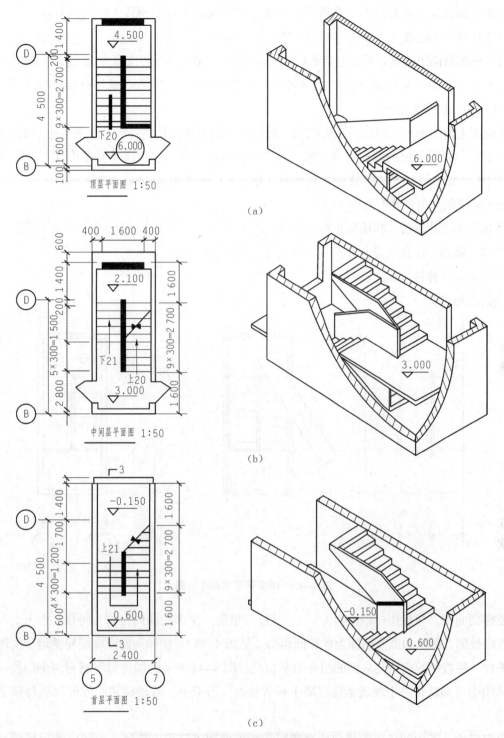

图 4-42 楼梯平面图
（a）顶层平面图；（b）中间层平面图；（c）首层平面层

楼梯平面图中，除注出楼梯间的开间和进深尺寸、楼地面和平台面的标高尺寸外，还需注出各细部的详细尺寸。通常把梯段长度尺寸与踏面数、踏面宽的尺寸合并写在一起。如首层平面图中的 9×300=2 700，表示该梯段有 9 个踏面，每一踏面宽为 300mm，梯段长为 2 700mm。通常，三个平面图画在同一张图纸内，并相互对齐，这样既便于阅读，又可省略标注一些重复的尺寸。

读图时，要掌握各层平面图的特点。本例楼梯因需要满足入口处净空 ≥ 2 000mm 的要求，首层设有三个梯段。从首层平面图中，可以看到从 –0.150 上到 0.600 处的第一梯段（共 5 级）和经过平台继续向上的第二梯段的一部分（以 45° 折断线为界）。这两梯段注有"上 21"字样的长箭头。

由于剖切平面在安全栏板之上，在顶层平面图中画有两段完整的梯段（中间没有折断线）和楼梯平台，在梯口处只有一个注有"下20"字样的长箭头。

中间层平面图既画出被剖切的往上走的楼梯（画有"上20"字样的长箭头），还画出该层往下走的完整的梯段（画有"下21"字样的长箭头）、楼梯平台以及平台往下的梯段。这部分梯段与被剖切的梯段的投影重合，以45°折断线为分界。

各层平面图上所画的每一分格表示梯段的一级踏面。但因梯段最高一级的踏面与平台面或楼面重合，因此平面图中每一梯段画出的踏面（格）数，总比步级数少一格。如顶层平面图中往下走的第一梯段共有10级［见图4-42（a）］，但在平面图中只画有9格，梯段长度为9×300=2 700。

楼梯间平面图的制图步骤如图4-43所示。

① 画楼梯间的定位轴线、梯段起止踢面线等。
② 画墙体、踏步（注意其等分方法）、栏板、门窗等轮廓线。
③ 进行尺寸和各种符号标注。
④ 图线描粗加深等。

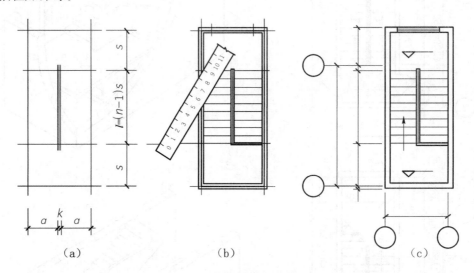

图4-43 楼梯平面图制图步骤

（2）楼梯剖面图。假想用一铅垂面（3-3）通过各层的一个梯段和门窗洞，将楼梯剖开，向另一未剖到的梯段方向投影，所作的剖面图即为楼梯剖面图（见图4-44）。楼梯剖面图应能完整地、清晰地表示出各梯段、平台、栏板等的构造及它们的相互关系情况。图4-44所示的楼梯每层只有两个梯段，称为双跑式楼梯。从图中可知这是一个现浇钢筋混凝土板式楼梯。习惯上，若楼梯间的屋面没有特殊之处，一般可不画出。

在多层房屋中，若中间各层的楼梯构造相同，则剖面图可只画出首层、中间层和顶层剖面，中间用折断线分开（与外墙身详图处理方法相同）。

楼梯剖面图能表达出房屋的层数、楼梯梯段数、步级数，以及楼梯的类型及其结构形式。例如，图4-44的三层楼梯，每层有两梯段。被剖梯段的步级数可直接看出，未剖楼梯的步级，因被栏板遮挡而看不见，有时可画上虚线表示，但亦可在其高度尺寸上标出该段步级的数目。如第一梯段的尺寸10×15=1 500，表示该梯段为10级，每级高度为150mm。

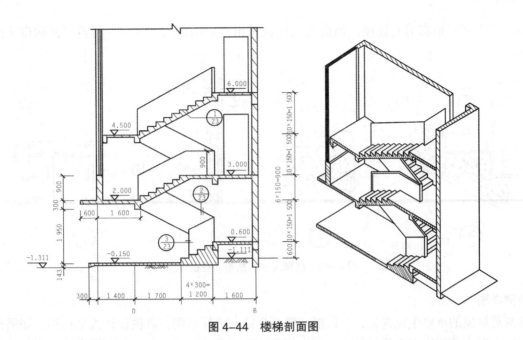

图 4-44 楼梯剖面图

楼梯剖面图中应注明地面、平台面、楼面等的标高和梯段、栏板的高度尺寸。梯段高度尺寸注法与楼梯平面图中梯段长度注法相同，在高度尺寸中注的是步级数，而不是踏面数（两者相差为 1）。由于楼梯下设有一储藏室，室内净高要求大于或等于 2m。因此，本例底层的两梯段高度不一致。栏杆高度尺寸，是从踏面中间算至扶手顶面，一般为 900mm，扶手坡度应与梯段坡度一致。

楼梯间剖面图的制图步骤如图 4-45 所示。

根据楼梯平面图所示的剖切位置 3-3（见图 4-42），画出楼梯的 3-3 剖面图（图 4-45 中只画首层部分）。绘图时要注意如下问题：

① 图形的比例和尺寸应与楼梯平面图相一致。
② 踏步位置宜用等分平行线间距的方法来确定。
③ 画栏板（栏杆）时，其坡度应与梯段一致。

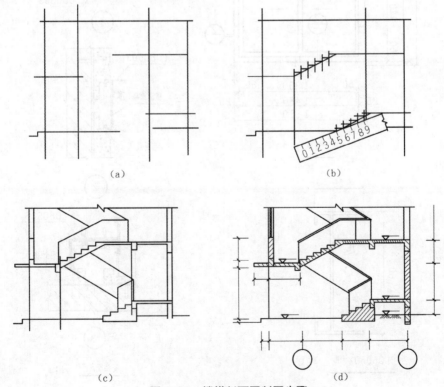

图 4-45 楼梯剖面图制图步骤

踏步、扶手和栏板都另有详图，用更大的比例画出它们的形式、大小、材料以及构造情况，如图 4-46 所示。

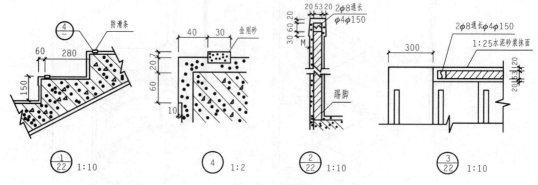

图 4-46　楼梯踏步、扶手、栏板详图

4. 门窗详图

门与窗是房屋的重要组成部分，其详图一般预先绘制成标准图，以供设计人员选用。如果选用了标准图，在施工图中就要用索引符号并加注所选用的标准图集的编号表示，此时不必另画详图。如果门窗没按标准图选用，就一定要画出详图。

门窗详图一般用立面图、节点详图、断面图，以及五金表、文字说明等来表示。按规定，在节点详图与断面图中，门窗料的断面一般应加上材料图例。

图 4-47 所示是一个铝合金推拉窗的详图示例。

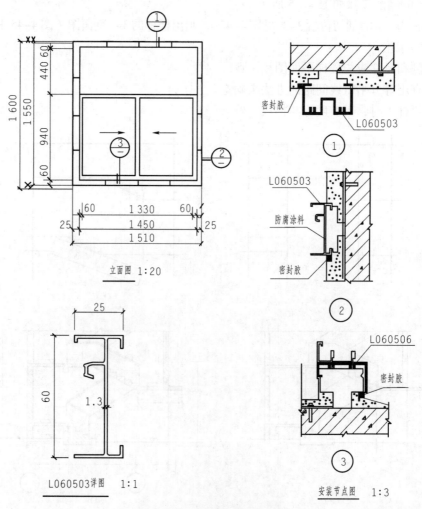

图 4-47　铝合金推拉窗详图

计划与实施

（1）收集一套建筑设计图并加以分析，判断它属于哪种类型建筑。

（2）收集一套建筑总平面图样并加以分析，判断它的总平面图示内容体系主要有哪些。

（3）某建筑公司要绘制一建筑施工图，要求结合建筑施工图内容以及表示方法完成建筑施工图（平面图、立面图、剖视图、详图等）绘制工作。

评价反馈

1. 自我评价

（1）是否熟悉建筑设计的分类、组成？　　　　　　　　　　　　　　　　□是　□否

（2）是否熟练掌握建筑设计图的性质与特点及其识图步骤？　　　　　　　□是　□否

（3）收集两种以上建筑图样，是否能说出它的图形图样表达方式？　　　　□是　□否

（4）是否熟练掌握建筑平面图的形成与内容？　　　　　　　　　　　　　□是　□否

（5）是否熟练掌握建筑立面图的表示方法与图示内容？　　　　　　　　　□是　□否

（6）是否熟练掌握建筑剖面图的表示方法与图示内容？　　　　　　　　　□是　□否

（7）是否熟练掌握建筑详图的表示方法与图示内容？　　　　　　　　　　□是　□否

2. 小组评价

（1）是否熟悉建筑设计的分类、组成？　　　　　　　　　　　　　　　　□是　□否

（2）收集建筑设计图纸是否达到两种以上？　　　　　　　　　　　　　　□是　□否

（3）是否能够独立分析建筑设计图中采用了哪些制图标准？　　　　　　　□是　□否

（4）是否熟悉建筑总平面图示要求？　　　　　　　　　　　　　　　　　□是　□否

（5）是否能够独立分析建筑总平面图中采用了哪些图样形式？　　　　　　□是　□否

（6）是否能够独立绘制简单的建筑平面图？　　　　　　　　　　　　　　□是　□否

（7）是否能够独立绘制简单的建筑立面图？　　　　　　　　　　　　　　□是　□否

（8）是否能够独立绘制简单的建筑剖面图？　　　　　　　　　　　　　　□是　□否

参评人员（签名）：_____

3. 教师评价

教师总体评价：

参评人员（签名）：_____　　年　月　日

作 业

（1）简述建筑的分类及组成。
（2）简述建筑设计图纸的识图步骤。
（3）独立完成一类建筑设计图纸的识图并说明图纸的特点。
（4）收集两套以上建筑总平面图样（可实地考察或上网查阅）并加以分析，判断它们的总平面图示的图形图样各有什么区别。
（5）抄画教材—建筑平面图。
（6）抄画教材—建筑立面图。
（7）抄画教材—建筑剖面图。
（8）抄画教材—建筑详图。
（9）绘制学生寝室建筑平面图。

学习任务 4.3　室内设计图绘制

学习目标

（1）掌握室内设计的定义，熟悉室内装饰设计工程的分类。
（2）掌握图纸目录表的定义，熟悉目录表的形式。
（3）掌握室内地面平面图、天花平面图、立面图、节点大样详图的定义及其所包括的内容；熟悉室内地面平面图、天花平面图、立面图、节点大样详图的表现形式。

应知理论

（1）室内装饰设计的定义、分类和室内装饰设计制图的内容。
（2）图纸目录表的定义和形式。
（3）室内地面平面图、天花平面图、立面图、节点大样详图绘制的目的及其功能。

应会技能

（1）能够识读室内设计图灯具、机电、设备图例。
（2）能够绘制室内地面平面图、天花平面图、立面图、节点大样详图。

4.3.1　室内设计图种类

4.3.1.1　室内装饰设计工程的分类

现代室内设计以建筑空间为基础，以使用功能为依据，承担着对建筑物以及它的空间环境赋予生命和使用价值的责任。它是建筑单元之中科学技术和人文理念集中的、具体的反映。它主导着建筑空间的二度创造。狭义的室内设计是指人们对建筑室内空间的界面及构造进行装修装饰，完成对构造物的围护遮蔽和装潢，满足观感；广义的室内设计是指人们通过科学的手段，运用现代的技术，融合感性的人文理念对工作和生活环境的创造过程。

1. 按使用功能区分

按使用功能区分，室内装饰设计工程可以分为公共空间、居住空间、工业空间、农业空间等室内装饰设计工程。

2. 按使用周期区分

建筑装修根据使用要求的不同有不同的使用周期，一般把5~10年作为一个公共建筑空间的装修寿命周期。使用了5年，应该对装修结构和设备系统进行全面的检修和维护保养，对装修饰面进行翻新，对不适用的地方进行调整和改造；使用了10年，基本要对装修进行全面的改造。按使用周期区分，室内装饰设计工程可分为以下三类：

（1）短期使用的室内装饰设计工程。其一般为1~2年。这一类多适用于短期的或临时性的商业建筑空间、办公场所、住所和展示活动空间。它追求潮流、时尚、实用。

（2）中期使用的室内装饰设计工程。其一般为5~10年。这一类多为公共建筑，如酒店、餐厅、商场、办公楼、住宅等。

（3）长期使用的室内装饰设计工程。其一般为投入使用后除了进行必要的维护性的装修，如粉刷、修理等工作外，基本不作大的变动；偶尔会进行一些使用上的调整和技术上的提高，也是局部地、有限制地进行。这一类常见于居所和特殊的公共建筑空间（如纪念性的建筑）等。

3. 按投资标准区分

假如我们把在一个地区或一个范围在某一个时间段的装修投资做一个经济分析，把装修的平均单位面积投资水平作为标准装修投资基数并定为"1"，那么，低于这个范围的称为"经济型的装修投资"，在这个范围段的称为"适用型的装修投资"，高于这个范围段的称为"综合型的装修投资"。在每个范围段，还可以根据需要划分若干个等级水平。按投资标准区分，室内装饰设计工程可分为以下三类：

（1）经济型的室内装饰设计工程。以满足基本使用为目的，安居房、临时商业店铺、需二次装修的建筑空间等属于这一类型。

（2）适用型的室内装饰设计工程。这一类室内装饰设计工程满足使用功能要求，符合时代潮流，有一定的文化内涵。它是现在公共建筑和住宅装修投资水平较为普遍的一类。

（3）综合型的室内装饰设计工程。这一类室内装饰设计工程有长远的使用和投资目的，设计应具有前瞻性，符合技术进步的要求，有明显的性格特征，有深厚的文化内涵。它适用于高级会所、私人别墅、高级公共活动场所等。

4.3.1.2 室内设计工程制图的基本程序

室内设计一般由方案设计、基本图设计、深化设计3个阶段来完成。

1. 方案设计阶段

方案设计阶段包括建筑空间规划和概念设计，着重于功能布局和整个设计理念的构思。它包括对设计依据的分析、原始资料的收集整理、建筑空间功能区域的布局、交通流动路线的组织、设计文化的定位等。

在这个阶段，主要的工作图和工作文件一般有：建筑基建图、平面布置图、天花布置图、透视效果图、色彩计划和产品配套计划，以及设计说明、主要经济技术指标和设计估算造价等。

这个阶段的主要任务是设计师向业主及各方表述其对整个建筑空间设计的构想以及这个构想实现的符合性、合理性和经济性。

这个阶段是设计师取得信任的重要阶段，设计师要广泛地听取业主及各方的意见并选择完善调整和修改，只有设计方案完善了，设计才有可能进入下一阶段的工作。

2. 基本图设计阶段

基本图设计阶段是在设计方案通过后对建筑室内空间的界面、装修构件、装修配套产品和相关专业进行工作图设计。在这个阶段要求把空间位置、尺寸、工艺、材料、技术要求等内容完整地、准确地、有条理地表述并形成设计文件，满足工程管理和工程施工的要求并作为相关专业的工作依据。

这个阶段的工作图一般有：平面图、立面展开图、构造大样图、剖面图、节点详图、标准图集、产品配套图表（包括家具、灯饰、织物、五金件、装饰陈设品等）、建材样品板、色彩计划以及设计说明等。

这个阶段的主要任务是把握空间设计尺度，确定构件的位置、明确材料的使用和施工工艺的要求，同时，与相关专业配合，最大限度地满足技术条件的要求。

这个阶段是室内设计非常重要的一个阶段，设计者应该熟悉相关的技术标准，掌握和了解相关的施工技术、材料特性和施工工艺要求，按制图规范完成工作图的设计。

3. 深化设计阶段

由于室内设计是在特定的客观条件下进行的多系统综合作业的过程。在工作过程受到现场情况、专业协调、物资供应、技术差异等因素的影响，不可避免地存在一定的局部的、隐性的、不可预见的问题，这就需要在过程中给予解决，这就需要图纸深化设计。

这个阶段的主要任务是：在保持原设计不变的基础上，对过程中出现的问题予以解决。

这个阶段提交的工作文件一般有：深化补充图、修改图、深化说明等。

在这个阶段我们要注意经调整后的设计是否有效地满足了施工的要求，与原设计是否一致，对项目价格是否产生了影响等。

4.3.1.3 室内设计工程制图的基本内容

如前所述，室内设计项目的建筑功能、规模大小、繁简程度各有不同，但其成图的基本内容有一定的规范。成套的施工图主要包含以下内容：

（1）封面：包括项目名称、业主名称、设计单位、成图依据等。

（2）目录：包括项目名称、序号、图号、图名、图幅、图号说明、图纸内部修订日期、备注等，可以列表形式表示。

（3）文字说明：包括项目名称，项目概况，设计规范，设计依据，常规做法说明，关于防火、环保等方面的专篇说明。

（4）图表：包括材料表、门窗表（含五金件）、洁具表、家具表、灯具表等。

（5）平面图：包括原始建筑平面图（基建图）、拆建墙平面图（隔墙平面图）、平面布置图、地面铺装图、索引图、天花布置图、天花尺寸图、灯具定位图、机电插座布置图、开关连线图、艺术品陈设平面图等内容。这些内容可根据不同项目要求和相关规定有所增减。

（6）立面图：包括装修立面图、家具立面图、机电立面图等。

（7）节点大样详图：包括构造详图、图样大样等。

（8）配套专业图纸：包括风、水、电等相关专业配套图纸。

4.3.1.4 室内设计图图纸目录表

室内设计图图纸目录表是通过图表的形式对整套图纸的内容进行罗列和索引。目录表的形式没有强制性的规定,各地做法略有不同,也可根据不同性质、规模的工程采用不同的目录形式,但通常要包括项目名称、序号、图号(通常一套图纸超过15张就要进行编号,可根据工程的复杂程度采用不同的编号方法)、图名、图幅、图号说明、图纸内部修订日期、备注等内容。

图 4-48 所示为某工程的图纸目录表。

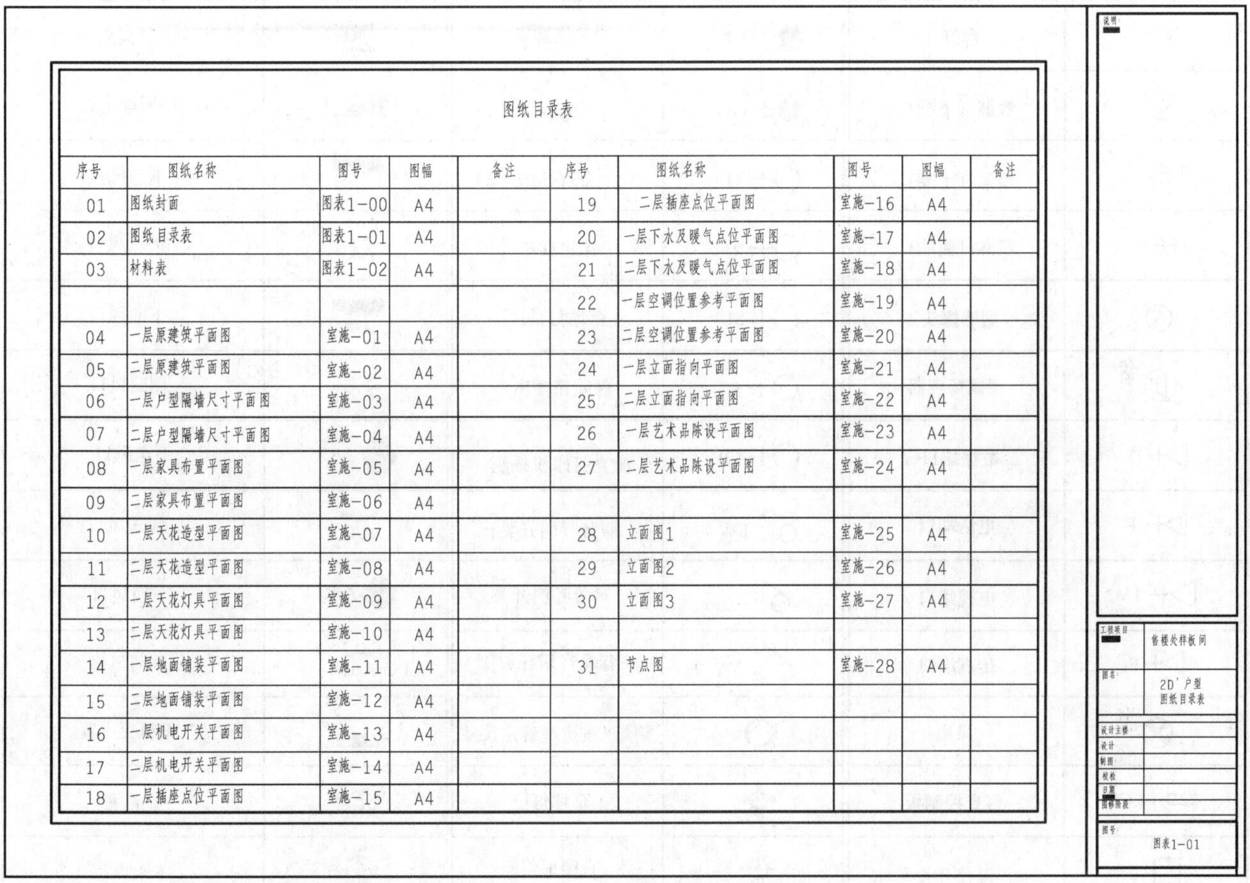

序号	图纸名称	图号	图幅	备注	序号	图纸名称	图号	图幅	备注
01	图纸封面	图表1-00	A4		19	二层插座点位平面图	室施-16	A4	
02	图纸目录表	图表1-01	A4		20	一层下水及暖气点位平面图	室施-17	A4	
03	材料表	图表1-02	A4		21	二层下水及暖气点位平面图	室施-18	A4	
					22	一层空调位置参考平面图	室施-19	A4	
04	一层原建筑平面图	室施-01	A4		23	二层空调位置参考平面图	室施-20	A4	
05	二层原建筑平面图	室施-02	A4		24	一层立面指向平面图	室施-21	A4	
06	一层户型隔墙尺寸平面图	室施-03	A4		25	二层立面指向平面图	室施-22	A4	
07	二层户型隔墙尺寸平面图	室施-04	A4		26	一层艺术品陈设平面图	室施-23	A4	
08	一层家具布置平面图	室施-05	A4		27	二层艺术品陈设平面图	室施-24	A4	
09	二层家具布置平面图	室施-06	A4						
10	一层天花造型平面图	室施-07	A4		28	立面图1	室施-25	A4	
11	二层天花造型平面图	室施-08	A4		29	立面图2	室施-26	A4	
12	一层天花灯具平面图	室施-09	A4		30	立面图3	室施-27	A4	
13	二层天花灯具平面图	室施-10	A4						
14	一层地面铺装平面图	室施-11	A4		31	节点图	室施-28	A4	
15	二层地面铺装平面图	室施-12	A4						
16	一层机电开关平面图	室施-13	A4						
17	二层机电开关平面图	室施-14	A4						
18	一层插座点位平面图	室施-15	A4						

图 4-48 图纸目录表

4.3.1.5 室内设计图灯具、机电、设备图例表

室内设计图灯具、机电、设备图例表是通过图表的形式对工程中的所用灯具、插座、机电、设备进行图例说明。其可以采用总表的形式对全部图纸进行图例说明,也可分布在相应的具体图纸中。某工程的机电设备图例表见表 4-5。

4.3.1.6 室内设计图材料表

室内设计图材料表是通过图表的形式对工程中的所用材料进行罗列和索引。其中各种材料的编号主要是相关材料英文名称的缩写,并依照相关国家标准进行统一编号的。

如果在施工图纸中编绘了材料表(见表 4-6),并且详细注明了每种材料的编号,那么在相关图纸涉及到材料名称时,也一定要在材料名称前加注材料编号,方便索引。

表 4-5 机电设备图例表

图例	名称	图例	名称	图例	名称
⊙╫	墙面单座插座	♂	双联开关	◻	600mm×600mm格栅灯
⊙╫	地面单座插座	♂	三联开关	◻	600mm×1200mm格栅灯
⊕WS	壁灯	●╫MR	剃须插座	◻	300mm×1200mm格栅灯
○	台灯	●╫HR	吹风机插座	▣	排风扇
⊕	喷淋（下喷）	●╫HD	烘手器插座	◻	照明配电箱
⊕	喷淋（上喷）	○╫TL	台灯插座	A/C	下送风口
⊖	喷淋（侧喷）	○╫RF	冰箱插座	A/C	侧送风口
Ⓢ	烟感探头	○╫SL	落地灯插座	A/R	下回风口
Ⓓ	顶棚扬声器	○╫SF	保险箱插座	A/R	侧回风口
▷╫D	数据端口	○╫LP	激光打印机插座	◉ A/C	下送风口
▷╫T	电话端口	♂FW	服务呼叫开关	A/C	侧送风口
▷╫TV	电视端口	♂JJ	紧急呼叫开关	◉ A/R	下回风口
▷╫F	传真端口	♂YY	背景音乐开关	A/R	侧回风口
⊗	风扇	⊕	筒灯/按选型确定尺寸	△	干粉灭火器
▭LCP	灯光控制板	✢	草坪灯	⊠XHS	消防栓
▭T	温控开关	✦	直照射灯	◉	下水点位
▭CC	插卡取电开关	✦	可调角度射灯	▭	开关（立面）
▯F	火警铃	▦	洗墙灯	▵	插座（立面）
▭DB	门铃	⊕	防雾筒灯	▭	电视端口（立面）
▭DND	请勿打扰指示牌开关	⊕	吊灯/选型	▭	数据端口（立面）
⊢⊣SAT	卫星信号接收器插座	✦	低压射灯		
⇌	微型开关	⊕	地灯		
♂SD	调光器开关	-----	灯槽		
♂	单联开关	⊞	吸顶灯		

表 4-6 材料表

区域	部分				
	地坪	墙面	顶面	门及门套	家具及灯具等
客厅、餐厅	红金龙 DST-02r 哥娃那白围边及拼花 DST-03r 红金龙石围边 DST-04r	木饰面清漆 DWD-01　红金龙壁炉 DST-02r 实木线条清漆 DWD-01　马赛克 DMO-01 奥特曼 DST-01r　壁纸 DWP-01 红金龙石窗台石 DST-04r　5mm车边银镜 奥特曼窗套踢脚 DST-01r	乳胶漆 DPT-01	实木门套清漆 DWD-01 奥特曼门套 DST-01r	订制 (详见装饰材料样板书)
门厅、走道	红金龙 DST-02r 哥娃那白围边 DST-03r 红金龙石围边 DST-04r 木地板围边及拼花 DWD-03	木饰面清漆 DWD-01　红金龙石窗台石 DST-04r 实木线条清漆 DWD-01　壁纸 DWP-01 奥特曼 DST-01r 奥特曼踢脚 DST-01r	乳胶漆 DPT-01 5mm车边银镜	奥特曼门套 DST-01r 实木门套清漆 DWD-01 实木门清漆 DWD-01 5mm钢化磨砂玻璃	订制 (详见装饰材料样板书)
化妆间	红金龙 DST-02r 红金龙石围边 DST-04r	木饰面清漆 DWD-01　红金龙石踢脚 DST-04r 实木线条清漆 DWD-01　壁纸 DWP-02 红金龙石矮墙合面 DST-04r　5mm银镜	乳胶漆 DPT-02	实木门套清漆 DWD-01 实木门清漆 DWD-01 5mm钢化磨砂玻璃	订制 (详见装饰材料样板书)
家庭室	红金龙 DST-02r 哥娃那白围边及拼花 DST-03r 红金龙石围边 DST-04r	木饰面清漆 DWD-01 实木线条清漆 DWD-01 壁纸 DWP-02	乳胶漆 DPT-01	实木门清漆 DWD-01	订制 (详见装饰材料样板书)
主卧室及更衣间	木地板围边及拼花 DWD-03	木饰面清漆 DWD-01　皮革软包 DFA-13 实木线条清漆 DWD-01　红金龙石窗台石 DST-04r 壁纸 DWP-03　5mm车边银镜 皮革软包 DFA-13　5mm银镜 5mm钢化玻璃	乳胶漆 DPT-01	实木门清漆 DWD-01 实木门清漆 DWD-01 9mm钢化玻璃车边	订制 (详见装饰材料样板书)
主卫生间	红金龙围边及拼花 DST-02r 红金龙石 DST-04r	红金龙 DST-02r　木饰面清漆 DWD-01 红金龙浴缸面 DST-02r　实木线条清漆 DWD-01 红金龙石台面踢脚 DST-04r　10mm钢化玻璃 马赛克 DMO-04　5mm银镜 5mm黑色烤漆玻璃	乳胶漆 DPT-02 5mm车边银镜	实木门套清漆 DWD-01 实木门清漆 DWD-01 9mm钢化玻璃车边	订制 (详见装饰材料样板书)
父母卧室	木地板围边及拼花 DWD-03	红金龙石台面窗台 DST-04r　壁纸 DWP-04 木饰面清漆 DWD-01　5mm银镜 实木线条清漆 DWD-01	乳胶漆 DPT-02	实木门套清漆 DWD-01 实木门清漆 DWD-01 5mm钢化磨砂玻璃	订制 (详见装饰材料样板书)
父母卧室卫生间	红金龙围边及拼花 DST-02r 红金龙石 DST-04r	红金龙 DST-02r　木饰面清漆 DWD-01 红金龙石合面踢脚 DST-04r　实木线条清漆 DWD-01 马赛克 DMO-05 5mm银镜	乳胶漆 DPT-02	实木门套清漆 DWD-01 实木门清漆 DWD-01 5mm钢化磨砂玻璃	订制 (详见装饰材料样板书)
客卧室（一）	木地板围边及拼花 DWD-03	红金龙石合面窗台 DST-04r　实木线条清漆 DWD-01 木饰面清漆 DWD-01　壁纸 DWP-05	乳胶漆 DPT-01	实木门套清漆 DWD-01 实木门清漆 DWD-01 5mm钢化磨砂玻璃	订制 (详见装饰材料样板书)
客卧室（二）	木地板围边及拼花 DWD-03	红金龙石合面窗台 DST-04r　实木线条清漆 DWD-01 木饰面清漆 DWD-01　壁纸 DWP-06	乳胶漆 DPT-01	实木门套清漆 DWD-01 实木门清漆 DWD-01 5mm钢化磨砂玻璃	订制 (详见装饰材料样板书)
客卧室（一）、（二）卫生间	红金龙 DST-02r 红金龙石围 DST-04r	红金龙 DST-02r　木饰面清漆 DWD-01 红金龙石合面踢脚 DST-04r　5mm银镜 10mm钢化玻璃	乳胶漆 DPT-02	实木门套清漆 DWD-01 实木门清漆 DWD-01 5mm钢化磨砂玻璃	订制 (详见装饰材料样板书)
西厨、中厨	红金龙 DST-02r 哥娃那白围边及拼花 DST-03r 红金龙石围边 DST-04r 300mm×300mm地砖 DTI-02	奥特曼 DST-01r 600mm×300mm墙砖 DTI-01	乳胶漆 DPT-01	实木门套清漆 DWD-01 实木门清漆 DWD-01 5mm钢化磨砂玻璃	订制 (详见装饰材料样板书)
洗衣房	300mm×300mm地砖 DTI-02	600mm×300mm墙砖 DTI-01	乳胶漆 DPT-01	实木门套清漆 DWD-01 实木门清漆 DWD-01 5mm钢化磨砂玻璃	订制 (详见装饰材料样板书)
保姆房及卫生间	300mm×300mm地砖 DTI-02	乳胶漆 DPT-01 实木踢脚清漆 DWD-01 600mm×300mm墙砖 DTI-01	乳胶漆 DPT-01 乳胶漆 DPT-02	实木门套清漆 DWD-01 实木门清漆 DWD-01 10mm钢化磨砂玻璃	订制 (详见装饰材料样板书)
储藏室	木地板 DWD-03	乳胶漆 DPT-01	乳胶漆 DPT-01	实木门套清漆 DWD-01 实木门清漆 DWD-01	订制 (详见装饰材料样板书)
阳台	防腐木地板 DWD-04		铝管 DAM-01		订制 (详见装饰材料样板书)
游泳池	防腐木地板 DWD-04 马赛克 DMO-02a	马赛克 DMO-06a　马赛克 DMO-07a 建筑外墙石材 镜面不锈钢	铝管 DAM-01		订制 (详见装饰材料样板书)

4.3.2 室内设计图案例

4.3.2.1 室内平面图概述

用一个假想的水平剖切面沿门窗洞的位置将房屋剖开，从上向下作投射在水平投影面上所得到的图样为地面平面图，而从下向上作投射在水平投影面上所得到的图样为天花平面图。通常，它的剖切平面是从地平面算起约1000~1500mm的高度。在这个高度，可以剖到建筑物的许多主要构件，如门窗、墙、柱或较高的橱柜或冷（暖）气设备等。

在室内设计工程制图中，平面图是不可缺少的关键部分，是前期设计工作中的重要核心，并直接影响到整个设计方案的进行和完善。无论是建筑设计还是室内设计，一般都是从建筑平面设计或平面布置的分析入手。

平面图设计主要表示空间的平面形状和内部分隔尺度，重点在于对室内空间的规划，以及对各功能区域的安排，流动路线的组织，通道和间隔的设计，门窗的位置、固定和活动家具、装饰陈设品的布置、天花灯位、设备安装等的清晰反映。在室内设计工程制图中，平面图主要包括地面平面图、天花平面图和设备平面图。

1. 平面图的基本目的与功能

平面图设计制图的目的，在于对室内空间做一个理性的、科学的、符合规律的功能区域划分，使之既能达到设计的适合性，又能达到使用的符合性。通过平面图的设计，能确切地掌握室内空间的功能区域分布和各功能区域之间的关系、使用面积的分配、交通流动路线的组织等内容；了解设计的构想和理念；满足预算编制、施工组织、材料准备和相关专业（如电气、给排水、暖通、通信、家具、艺术品等）进行设计的依据；确保相关审批内容的表述清晰，保持与审批程序的一致性。

2. 平面图的绘制依据

绘制平面图的依据是原建筑设计图或现场测绘资料。取得第一手现场资料是平面图设计的重要环节。对于现场情况要掌握的有：建筑物的朝向；建筑空间的总体尺寸；梁、柱、门窗等构造尺寸和位置尺寸；建筑物的结构情况；各种设备（如电气、给排水、通暖、煤气、综合布线等）的位置以及建筑物的周边环境状况。根据勘测的结果，绘制建筑现况图，并以此作为平面图的设计依据。

（1）收集资料。在设计准备阶段，针对所接受的设计项目要进行充分的调查研究和资料收集，明确设计内容、设计范围、设计要求、造价要求；同时要取得相关工程资料，如建筑图、结构图、设备图等；另外，也要尽可能查阅同类设计项目的资料，收集相关文件和规定并进行充分理解。

（2）现场勘测。核准现场是设计工作开始并最终成功的先决条件，是减少和避免误差的必要工作。在取得原始建筑图纸后，需要到建筑现场进行实地测量，并与图纸进行充分核对，及时发现问题，做出修改，力求精确。图4-49所示就是在所提供的图纸的基础上，在现场进行度量、核对、修改、标注的图纸。

① 复印好至少两张原始建筑图纸（一张记录平面内容，一张记录顶棚内容），现场度量、核对、修改、标注图纸数据。

② 与业主在现场充分沟通，理解业主意图，明确在设计中需要改动的墙体、门窗等拆、建要求，并在现场度量中检查可行性。

③ 带好图板、卷尺、各色笔、涂改液、数码相机；穿行动方便、耐磨的服装，硬底或厚底鞋，戴安全帽。

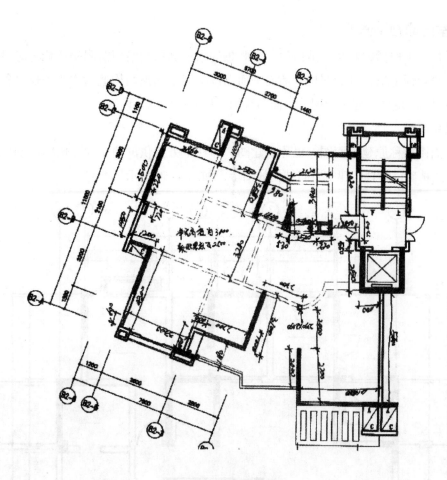

图 4-49 现场量房图纸

3. 平面图绘制中应注意的问题

（1）比例：平面图的常用比例有 1∶50、1∶75、1∶100、1∶200 等，可以根据空间大小和项目繁简程度进行调整。

（2）图例符号：图例及符号可参见本书模块 1 的内容。

（3）定位轴线：在前期设计方案中可以不标注定位轴线和符号，但在施工图中必须标注。具体标注方法可参见本书模块 1 的内容。

（4）图线：室内平面图上表示的内容较多，因此对图线的线宽、线型设置应予注意。

在平面图中，图框的外框和图名下画线应使用 b 线；标题栏外框应使用 $0.5b$ 线宽，凡是被剖切到的承重结构线（如墙体）应使用 $0.5b$ 线宽；其余图形使用 $0.25b$ 线宽。更具体的线宽和线型使用方法可参见本书模块 1。

（5）门窗编号：建筑设计图纸上门窗一般都有编号，室内设计可依据设计需要对其另行编号，使其表达的内容更为详尽。

（6）标注：平面图中要进行标注和说明，标注必须扼要、准确，使人们能迅速地掌握空间的规模和概貌。需定位时，应尽量与建筑轴线关联。标注的内容包括：

尺寸标注——外形尺寸、轴线尺寸、结构尺寸、定位尺寸、地平标高等；

符号标注——轴线符号、指向符号、索引符号、指北针等；

文字标注——编写所有的单元空间名称和编码，标注要说明的装修构造的名称，标注主要的地面材料，编写设计说明（包括主要材料的选用、主要的施工工艺要求、关键尺寸的控制、安装尺寸的调整等）。

4.3.2.2 室内地面平面图

地面平面图是一个概括的叫法，是指用一个假想的水平剖切面沿门窗洞的位置将房屋剖开，从上向下作投射在水平投影面上所得到的图样。地面平面图以空间中的地面构造为主要表现对象。地面平面图包括原始建筑平面图、墙体改建平面图、平面布置图、地面铺装图等内容。

1. 原始建筑平面图

原始建筑平面图简称原建平面图，也称基建图，即在甲方提供的原土建平面图的基础上，经过现场勘测核对后形成的精确反映现有建筑空间结构的图示，如图 4-50 所示。

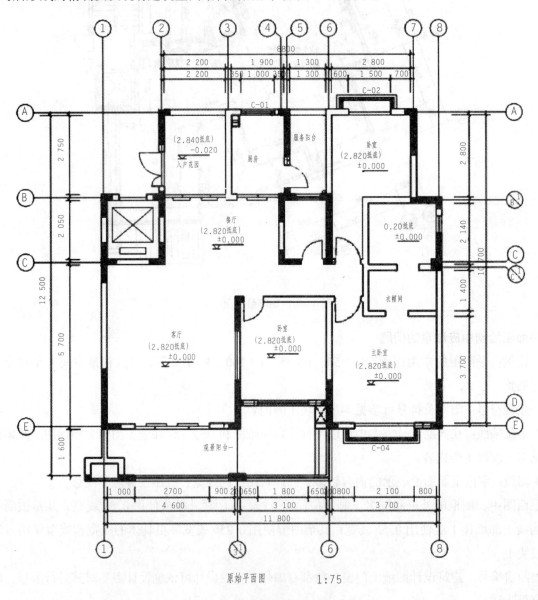

图 4-50 原始建筑平面图

经过核对无误后的原始建筑平面图是室内装饰装修设计与施工的基础，是一个室内装饰装修工程工作的起点。

原始建筑平面图可以用比较精简的标注来概括性地反映建筑空间；也可以详细地标注各个内部空间分隔和结构件（如墙、柱、梁）的具体尺寸，这类图也称为间墙布置图或隔墙布置图，如图 4-51 所示。

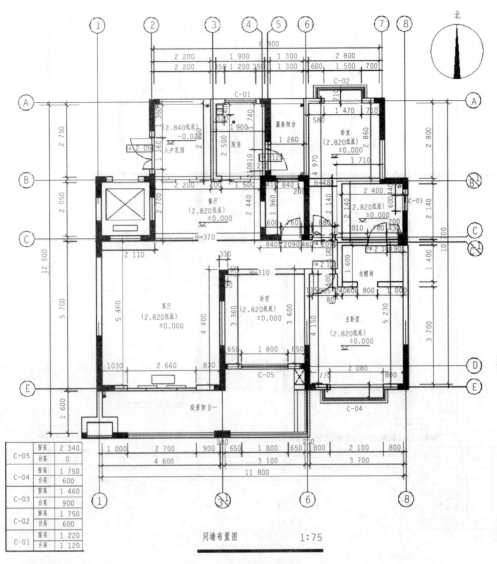

图 4-51 间墙布置图

2.墙体改建平面图

墙体改建平面图又称拆、建墙布置图,是标示在原始建筑结构基础上反映如何进行结构调整的图示,如图 4-52 所示。因为在某些室内装饰装修设计中,需要先对空间中的部分墙体进行改造,接下来的设计和施工都将在该图示所显示的、改造好的建筑空间结构中进行。

本图示主要包括以下内容:

(1)分别标出原有间墙、新建间墙、拆除间墙、承重墙、非承重墙(方便预算),并标示出图例。如在图 4-52 中,根据图例可知,在原有空间结构基础上新砌了多处墙体,并在通向 C-02 处拆除了一部分墙体。

(2)标明新建墙厚度、材质、尺寸(施工依据,原有墙体无须标注尺寸)。

(3)标明新建墙体预留门洞尺寸,先将门洞预留,避免以后凿墙。

(4)标明完成后地面标高。

(5)标明预留管井及维修口位置、尺寸,为设计的合理性打下基础。

(6)保留原间墙平面,便于核对需拆除的墙身及核算施工成本。

(7)图纸上要注明"现场间墙放线需由设计师审核确认"。现场间墙放线结束由设计师审核再确认,可将现场与图纸存在的误差降至最低。

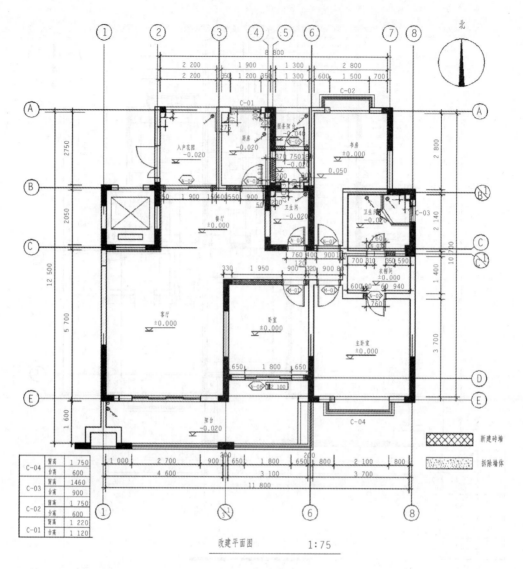

图 4-52 墙体改建平面图

3. 平面布置图

平面布置图是方案设计阶段中，根据室内设计原理中的使用功能、精神功能、人体工程学以及用户的要求等，对室内空间进行布置的图样。由于空间的划分、功能的分区是否合理会直接影响到使用的效果和精神的感受，因此，在室内装修设计中平面布置图通常是设计过程中的首要内容，是方案设计中的最重要、最核心的部分，是呈现整个设计方案内容和形式、传达设计理念的基本载体。

如图 4-53 所示，进入大门后首先看到的是入户花园，在花园中有砌好的花坛，可以种植观赏植物，另外还放置有根据尺寸定制的鞋柜，在此换鞋并通过推拉门进入到居室内部。因此可以看出，入户花园还兼具玄关的作用，在室内与室外空间之间形成过渡。

由于户型的限制，进入室内的第一个空间就是餐厅，餐厅的布置在平面图上比较简洁（因为此处连接大门，也是重要的人流通道）。

客厅（起居室）是家庭生活的中心，在设计方案中充分利用了客厅的空间，布置了非常大气的一个皮质沙发组合，并且在 C 轴线墙面处设计了一个装饰吧台，使客厅的功能被大大拓展。当家庭成员齐聚时，坐在舒适的沙发上可以感受温馨、融洽的气氛；当情侣、夫妻相处，或个人独处时，可以在吧台处形成较为私密、个性的休闲空间。

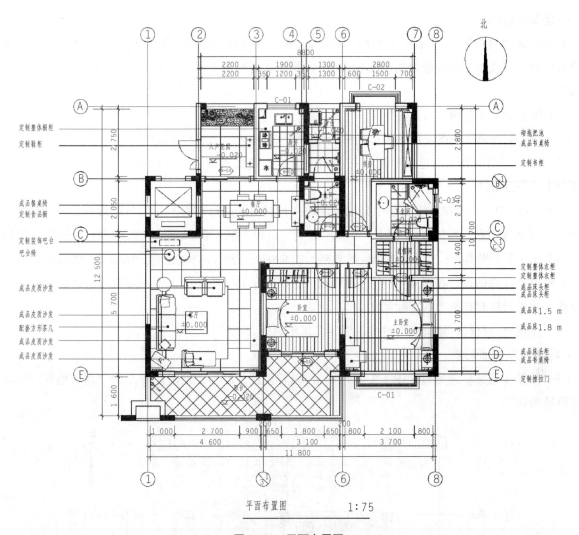

图 4-53 平面布置图

根据业主的家庭特点，考虑到家庭成员不多，不需要太多卧室的实际情况，在设计方案中，把三个卧室中的北边一间改造成书房，使主卧、衣帽间、卧卫、书房形成一个流线通畅、高度实用的生活、工作一体化的空间。

此外，根据图中的文字注释，可以很清楚地了解设计方案中固定家具、活动家具和家电的布置情况。

平面布置图的主要内容如下：

（1）（经过拆、建后的）建筑主体结构，如墙、柱、门窗、高差、踏步等。

（2）设计方案中的功能构件、固定家具、装饰小品，如壁橱，装饰隔断，电视背景墙，卧室背景墙，阳台的花坛、绿化，厨卫的低柜、吊柜、操作台、洗手台、洗衣池、拖把池、浴缸、蹲位、坐便器等的形状和定位。

（3）各功能空间（如客厅、餐厅、卧室等）的家具，如沙发、茶几、餐桌椅、酒柜、地柜、衣柜、梳妆台、床头柜、书柜、书桌椅、床、装饰地毯等的形状和定位。

（4）各种家电，如电视、空调、冰箱、冰柜、烤箱、洗衣机、电风扇、落地灯等的形状和定位。

（5）各功能空间地面铺装材料和定位（或图例）。

（6）建筑主体结构的开间、进深和主要装饰构造等的尺寸标注。

（7）对需要的地方进行文字注释和说明，如房名、面积、周长、各种装饰构造的简单注释等。

（8）图名、会签栏、标题栏、索引符号、标高符号、指北针、比例尺等。

4. 地面铺装图

地面铺装图也称地坪材料图、地坪布置图等。其用于确定地面不同装饰材料的铺装形式与界限，确定铺装材料的开线点（即铺装材质的起始点）、异性铺装材料的平面定位及编号等，还可以标志地面材质的高差。

地面铺装图的主要内容有：

（1）改造后间墙平面图（门的表达与平面图不同）。

（2）用不同图例表示出地面材质，并在图面空位上列出图例表，标出材质名称、规格尺寸、型号、间缝大小、处理方法。

在图 4-54 中，由于在文字标注中详细标注每一种材料的名称和编号，并对应材料表中会有详细的材料品种、规格等信息，所以在图中就不再画出图例，也没有标注材料规格。如果没有另外配专门的材料表，则需要在图中提供图示，并标注相应的规格（如 800mm×800mm 抛光砖、300mm×300mm 防滑砖等）。

另外值得注意的是，在图 4-54 中明确表示出，固定家具（橱柜等）下不需要进行地面铺装，这在工程预算、购买材料时有重要的实际意义。

（3）注意地面材料、地脚线的对线对缝，考虑出材率。

（4）标出完成面标高。

（5）特殊地花造型须另做详图（配网格图），以方便订货制作。同时，要注明"现场地花放线需由设计师审核确认"。

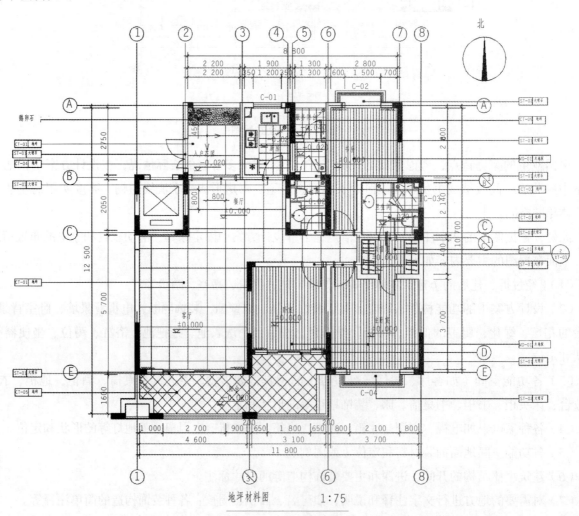

图 4-54 地面铺装图

5. 立面索引图

当工程内容比较庞杂时，平面布置图和地面铺装图中很难将各种索引符号全部标注在内，可以单独在另一张平面图中把立面及剖立面索引符号和指引方向表示清楚，方便查找图纸。

如图 4-55 所示，客厅位置的立面索引，表示出客厅的 4 个立面图的编号分别是 A_1、A_2、A_3、A_4，而这四张立面图分别可以在 LM-01、LM-02、LM-03、LM-04 号图纸中找到。如果 4 张立面图放在一张图纸中，则 A_1、A_2、A_3、A_4 下面都标注同一个图纸编号。

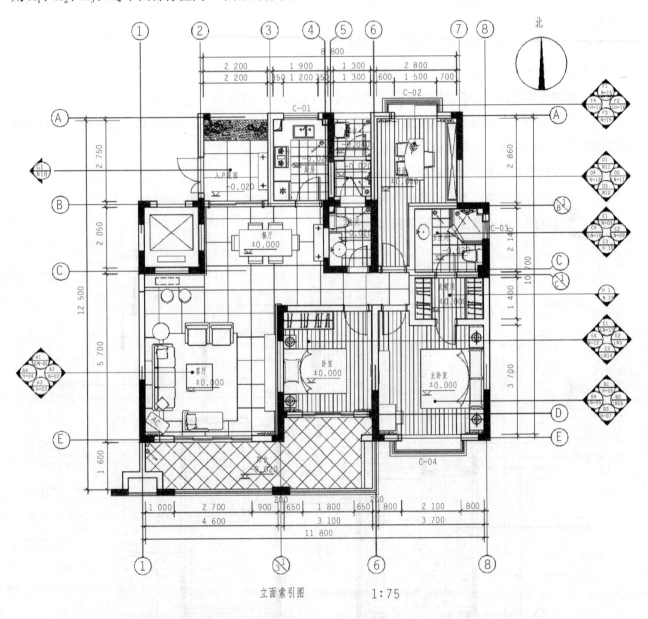

图 4-55　立面索引图

4.3.2.3　室内天花平面图

室内天花平面图也称顶棚平面图，是指用一个假想的水平剖切面沿门窗洞的位置将房屋剖开，从下向上作投射在水平投影面上所得到的图样，以空间中的天花构造和设备为主要表现对象。

天花的功能综合性较强，其作用除装饰外，还兼有照明、印象、空调、防火等功能，是室内设计的重要部位，其设计是否合理对于精神感受影响非常大。由于其部位特殊，施工的难度较大。

天花的装修通常分为悬吊式和直接式。悬吊式天花造型复杂，所设计的尺寸、材料、颜色、工艺要求等表达也较多,造价较高;直接式天花则是利用原主体结构的楼板、梁进行饰面处理,其造型、工艺做法较为简单,造价较低。

为了便于与地面图对应,天花图通常是采用"镜像"投影的方式绘制。比例也一般与地面图一致。

1. 天花布置图

天花布置图用于表示顶棚造型形式、起伏高差、材质材料及定位尺寸等,是天花部位装饰施工的主要依据。

如图4-56所示,天花布置图的主要内容包括:

(1)建筑主体结构的墙、柱、梁、门洞、窗洞等。

(2)建筑主体结构的主要轴线、轴号、主要尺寸(如开间、进深尺寸等)。

(3)天花造型(如藻井、跌级、装饰线等)及各类设施(灯具灯饰、空调风口、排气扇、消防设施如烟感器等)的轮廓线,条块状饰面材料的排列方向线等。

(4)天花造型及各类设施的定形、定位尺寸和标高等。

(5)天花的各类设施、各部位的饰面材料、涂料的规格、名称、工艺说明等。

(6)节点详图索引或剖面、断面等符号的标注。

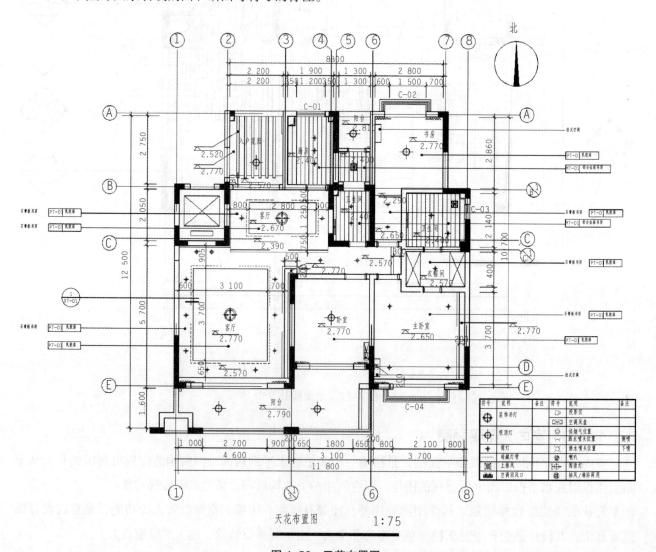

图4-56 天花布置图

2. 天花灯具定位图

当顶棚造型设计比较复杂时，可单独在另一张天花灯具定位图中详细标注灯具的类型和尺寸定位，并做好图例，如图4-57所示。

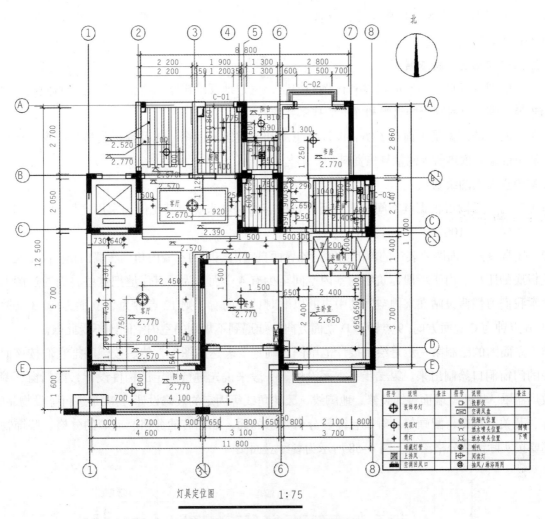

图4-57　天花灯具定位图

4.3.2.4　室内立面图

1. 室内立面图的主要表现内容

将室内空间立面向与之平行的投影面上投影，所得到的正投影图即为室内立面图。室内立面图主要表示空间主体结构中竖直立面的装修做法。

立面展开图是室内设计的主要组成部分。对于不同性质、不同功能、不同部位的墙柱面，其装修的繁简程度差异较大，因此，通过立面图，可以清楚地反映出室内空间的内部形状、空间的高度、室内立面的装修和装修构造，如门窗、壁橱、间隔、壁面、装饰物以及它们的设计形式、尺度、构件间的位置关系、装修材料、色彩运用等。具体来说，室内立面图主要包括：

（1）墙柱、门窗（开启方向外实内虚）、楼板梁、天花造型剖面。

（2）家具、家电。

① 固定家具（考虑家具对墙的遮挡，被挡墙体简单装修，节约成本）。

② 壁柜内隔板用虚线表示，也可画一张内部隔板及抽屉详图。

③ 移动性家具在复杂立面上可不绘制。

④ 主要家电如电视、冰箱、空调等的定形和定位。

(3）室内悬挂物及陈设。

(4）立面的暗装灯管（点画线）、壁灯。

(5）尺寸标注、材料说明、剖面及大样索引。

(6）注意线宽和线型。通常来说，立面图中地面线为 b 线宽，两侧墙线为 $0.5b$ 线宽，其余线条使用 $0.25b$ 线宽即可。

2. 室内立面图的绘制依据

通过立面图的设计进行空间尺度和比例的控制，清楚地反映出室内立面装修构件的做法、尺寸、材料、工艺等，满足材料物资的组织和施工的技术要求。

绘制立面图的依据是平面布置图、设计预想图和原建筑剖面图，以及现场复核的门窗、墙柱、垂直管道、消防设施、散热器等测量复核资料。

3. 室内立面图的绘制

(1）室内立面图可根据其空间尺度及所表达内容的深度来确定其比例。常用比例为 1:25、1:30、1:40、1:50、1:100。

(2）通常室内立面图要表达的范围宽度是各界面自室内空间的左墙内角到右墙内角；高度是自地平面至天花板底的距离。由于一般建筑物的室内空间至少有 4 个面，为了有序地把这些界面通过图形加以表达，通常我们习惯假设站在室内空间的中央并以顺时针方向看，则 12 点钟为 A 立面方向；3 点钟为 B 立面方向；6 点钟为 C 立面方向；9 点钟为 D 立面方向。如遇到不规则的室内空间则不受此限。

(3）立面图的绘制第一步是绘制设计范围图。确定要表达的图形，然后按顺序把它们按该面的范围和相关的门窗洞口绘制出来。第二步是立面设计。一般来说先进行固定的构件设计，如门窗、壁橱、墙柱、散热器罩、墙裙、墙面装饰装修、地脚线、天花角线等固定的装修设计；其次是进行陈设物品的设计，如壁灯、开关、窗帘、配画等。对于有铺装分格要求的面，如面砖的分格、玻璃的分格、装饰物的分格等，都要按实际铺装分格绘制。图 4-58 所示为餐厅立面图。

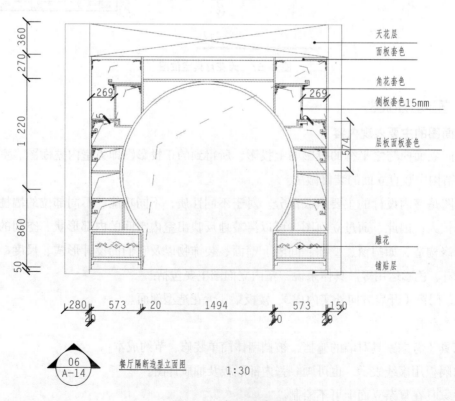

图 4-58　餐厅立面图

4. 室内立面图展开的标注

立面图的标注，主要是反映图形高度的尺寸和相关的尺寸，并对设计内容加以说明。尺寸标注按总高尺寸、定位尺寸、结构尺寸、细部尺寸标注。标注必须清晰准确，符合读图和施工的顺序；尺寸的标注应充分考虑现场施工及有关工艺要求。

标注的内容包括：尺寸标注、符号标注、文字标注。

（1）尺寸标注——总高尺寸、定位尺寸、结构尺寸等。

（2）符号标注——轴线符号、剖面符号、索引符号等。

（3）文字标注——标注所有的饰面材料及规格；编写设计说明，包括主要材料的选用、主要的施工工艺要求、关键尺寸的控制、安装尺寸的调整等。

5. 室内立面图图示实例

图 4-59 所示为卫生间立面图。

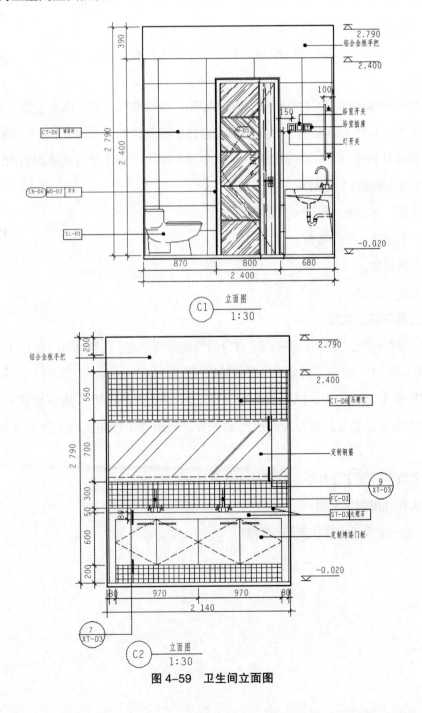

图 4-59 卫生间立面图

4.3.2.5 室内节点大样详图

1. 室内节点大样详图的主要表现内容

节点大样详图，指的是装修细部的局部放大图、剖面图、断面图、结构做法等。由于在装修施工中常有一些复杂或细小的部位，在平面图、立面图中难以表达或未能详尽表达时，则需要使用节点详图来表示该部位的形状、结构、材料名称、规格尺寸、工艺要求等。虽然在一些设计手册（如标准图册或通用图册）中会有相应的节点详图可套用，但由于装修设计往往具有向明的个性，加上装修材料、工艺做法的不断推陈出新，以及设计师的独特创意、地域的不同施工习惯和材料使用等，有些详图就不能简单套用。因此，节点详图是装修施工图中不可缺少的图样。而一个工程具体需要画多少详图、画哪些部位的详图要根据设计情况、工程大小以及复杂程度而定。

相对于平面图、立面图、剖面图的绘制，节点大样详图具有比例大、图示清楚、尺寸标注详尽、文字说明全面的特点。

一般工程需要绘制墙面详图，柱面详图，楼梯详图，特殊的门、窗、隔断、散热器罩和顶棚等建筑构配件详图，服务台、酒吧台、壁柜、洗面池等固定设施设备详图，水池、喷泉、假山、花池等造景详图，专门为该工程设计的家具、灯具详图等。室内节点大样详图通常包括纵横剖面图、局部放大图和装饰大样图。通常其中要包括以下内容：

（1）构造和工艺：各界面的衔接方式、收口方式。

（2）详细的材料标注（图例名称）。

（3）详细的细部尺寸。

绘图时应注意图线粗细。

2. 室内节点大样详图的绘制

（1）选图幅，定好比例。所用比例视图形自身的繁简程度而定，一般采用1∶1、1∶2、1∶5、1∶10、1∶20、1∶25、1∶30、1∶50等。然后画出外形轮廓线。

（2）画出结构的主要轮廓线，以及次要轮廓线。注意线宽的选用，其中建筑主体结构如墙、柱、梁、板等用粗实线表示；主要的造型轮廓线（如龙骨、夹板等）用中实线表示，次要的轮廓线用细实线表示。

（3）标注尺寸数字、文字注释等。其标注应尽量详细和准确。

3. 室内节点大样详图图示实例

图4-60所示为一个节点大样详图图示实例。

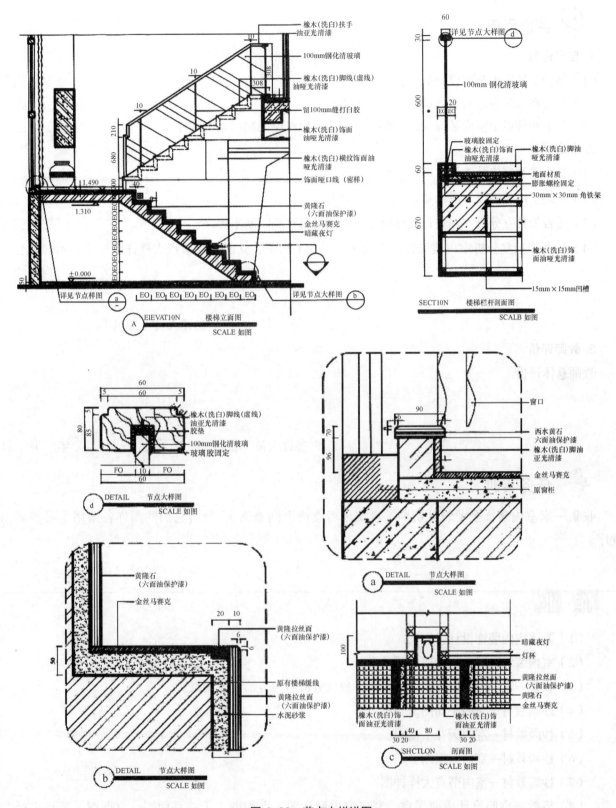

图 4-60 节点大样详图

计划与实施

（1）收集一套室内装饰设计图样并加以分析，判断它的图样表达方式主要有哪些。

（2）分析室内装饰设计图样图表、平面图、天花平面图、立面图、节点大样详图所表示的内容以及绘制方法与步骤，学会绘制室内装饰设计施工图的基本技能。

 评价反馈

1. 自我评价

（1）是否了解室内装饰设计的定义？　　　　　　　　　　　　　□是　□否
（2）是否熟练掌握室内装饰设计工程的种类？　　　　　　　　　□是　□否
（3）收集两种以上室内装饰设计图纸，是否能说出对应的制图基本程序？　□是　□否

2. 小组评价

（1）是否熟悉室内装饰设计的定义？　　　　　　　　　　　　　□是　□否
（2）收集室内装饰设计图纸是否达到两种以上？　　　　　　　　□是　□否
（3）是否能独立分析室内装饰设计图纸中采用了哪些制图基本程序？　□是　□否
（4）是否能独立分析室内装饰设计平面图、天花平面图、立面图及节点大样详图中所表示的内容？
　　　　　　　　　　　　　　　　　　　　　　　　　　　　　□是　□否

参评人员（签名）：_____

3. 教师评价

教师总体评价：

参评人员（签名）：_____　年　月　日

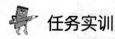 任务实训

收集一家室内装饰企业设计资料（可实地考察或上网查阅），分析它们的图样各采用了哪些制图程序。

作 业

（1）简述室内装饰设计的定义。
（2）室内装饰设计工程主要有哪几类？
（3）收集一家室内装饰企业设计资料，独立分析室内装饰设计图纸。
（4）抄画教材一室内平面图。
（5）抄画教材一室内天花平面图。
（6）抄画教材一室内立面图。
（7）抄画教材一室内节点大样详图。
（8）将教室空间设计成两居室，完成室内设计图（平面图、天花平面图、立面图、节点大样详图）。

参考文献

[1] 高祥生. 装饰设计制图与识图［M］. 2版. 北京：中国建筑工业出版社，2015.

[2] 彭红，陆步云. 设计制图［M］. 北京：中国林业出版社，2003.

[3] 李国生. 室内设计制图［M］. 广州：华南理工大学出版社，2011.

[4] 周雅南，周佳秋. 家具制图［M］. 北京：中国轻工业出版社，2016.

[5] 杜廷娜，蔡建平. 土木工程制图［M］. 北京：机械工业出版社，2009.

[6] 张英，郭树荣. 建筑工程制图［M］. 北京：中国建筑工业出版社，2009.

[7] 高铁汉，杨翠霞. 设计制图［M］. 沈阳：辽宁美术出版社，2010.

[8] 金方，建筑制图［M］. 2版. 北京：中国建筑工业出版社，2010.

[9] 何斌，陈锦昌，王枫红. 建筑制图［M］. 7版. 北京：高等教育出版社，2014.

[10] 曾赛军，胡大虎. 室内设计工程制图［M］. 南京：南京大学出版社．2011.

[11] 留美辛. 室内设计制图讲座［M］. 北京：清华大学出版社，2011.

[12] 孙元山，李立君. 室内设计制图［M］. 沈阳：辽宁美术出版社，2014.

[13] 霍维国，霍光. 室内设计工程图画法［M］. 北京：中国建筑工业出版社，2011.

[14] 高祥生. 房屋建筑室内装饰装修制图标准（实施指南）［M］. 北京：中国建筑工业出版社，2011.

[15] 曾传柯，雷翔. 室内设计制图［M］. 南昌：江西高校出版社，2012.